国家"十二五"重点图书出版规划项目
城市科学发展丛书

Urban-Rural Planning Reform and Innovation
in Aging Times

基于老龄化社会的城乡规划变革与创新

陈小卉 杨红平 刘 剑 邵玉宁/著

U0311290

中国建筑工业出版社

审图号GS（2015）2088号

图书在版编目（CIP）数据

基于老龄化社会的城乡规划变革与创新／陈小卉等著．
北京：中国建筑工业出版社，2015.6
（城市科学发展丛书）
ISBN 978-7-112-18099-8

Ⅰ.①基…　Ⅱ.①陈…　Ⅲ.①人口老龄化—影响—城乡规划—研究—中国　Ⅳ.①TU984.2

中国版本图书馆CIP数据核字（2015）第091392号

责任编辑：焦　扬　陆新之
书籍设计：京点制版
责任校对：李美娜　姜小莲

国家"十二五"重点图书出版规划项目
城市科学发展丛书
基于老龄化社会的城乡规划变革与创新
陈小卉　杨红平　刘　剑　邵玉宁　著

*

中国建筑工业出版社出版、发行（北京西郊百万庄）
各地新华书店、建筑书店经销
北京京点图文设计有限公司制版
北京中科印刷有限公司印刷

*

开本：787×1092毫米　1/16　印张：13¼　字数：258千字
2015年9月第一版　2015年9月第一次印刷
定价：**58.00**元
ISBN 978-7-112-18099-8
（27295）

序

  全球人口整体的长寿是人类社会前所未有的特征，其对经济、社会、城乡建设等方面带来了巨大的影响。为积极应对老龄化这一日益显性的社会现象，我国人口学、社会学、经济学等学科对老龄化均开展了相关研究。但作为城乡规划学科，目前仅在居住社区和养老服务设施建设层面有所实践，尚未形成应对老龄化社会的城乡规划"适老"研究。从规划角度系统研究老龄化对我国城乡空间的影响，提出城乡规划应对老龄化的改革创新措施，具有重要的理论与现实意义。

  由陈小卉同志领衔的研究团队长期关注老龄化现象，结合地方规划实践，进行了持之以恒的研究，撰稿形成了《基于老龄化社会的城乡规划变革与创新》一书。该书借鉴国际养老模式与养老服务设施体系建设经验，深化了我国由"家庭养老"走向"社会养老"的中国特色养老模式，提出了基于"以居家为基础、以社区为依托、以机构为支撑"养老服务模式的城乡空间整体应对目标、策略和措施。该书以营造适老、助老的城乡空间环境为目标，系统分析了适老化的区域空间、城市空间、乡村空间、居住空间、交通空间、公共开敞空间等空间内容与建设标准，构建了涵盖专享型养老服务设施和共享型为老服务设施组成的养老服务设施体系，并结合城乡规划体系，提出了养老服务设施规划的主要内容和相关设施布局的控制要求。总体上该研究成果填补了国内规划学界系统研究老龄化问题的研究空白，丰富了城乡规划学科内容。

  该书基于作者承担的国家、省老龄化科技课题和《昆山养老服务设施规划》等规划编制工作，成果来源于实践，应用于实践，成果综合性、完整性和逻辑性强，属于实践与理论相结合的深度研究。该书对中国转型期的养老模式、老年友好型城市指标体系、城乡规划适老相关内容要素与规划编制技术方法等进行了开创性研究，具有鲜明的创新性；同时，从城乡规划编制、规划管理和相关政策措施等方面进行的系统梳理，为我国城乡规划改革创新提出了思路。此外，该书不单纯就规划、就空间谈养老，也是结合我国国情的社会应用性较强的研究。

  在我国老龄化浪潮来临之际，该研究团队承担了这一阶段的时代责任，结合一线实践，作了适老化规划的系统思考。在该研究成果成书出版之际，小卉嘱之，欣然作序。

王耀南

2014 年 7 月 18 日

前　言

当前，我国的人口老龄化正在"跑步前进"，汹涌的银发浪潮正席卷中国。积极应对人口老龄化，已成为举国上下必须关注的社会问题。当前，国家层面出台的《国务院出台加快发展养老服务业意见》（国发〔201335〕号文）《关于印发〈养老服务设施用地指导意见〉的通知》（国土资发〔2014〕11号文）等系列政策文件支持养老服务业的发展，中国养老模式正在逐步由家庭养老转向社会养老，社会养老服务的整体应对必将对城市物质空间也带来新的需求。就城乡规划行业而言，如何让城市适老、如何从"托底型"设施保障转化为全社会整体环境应对，是我们处在一线的规划研究者应该积极思考的时代命题。

江苏省作为全国老龄化程度较高的省份，率先开展积极应对人口老龄化趋势的研究具有现实意义。作者自2011年起实地调查了上海、北京、新疆和南京市等地系列养老服务设施，广泛分析了全国各地养老服务业规划和养老服务设施规划，选择部分代表性城市进行了老年人需求调查；基于人口老龄化的发展趋势和老年人的生理特征、心理特征与行为特征，借鉴国际养老模式经验，提出了中国特色养老模式。顺应从家庭养老向社会养老的养老模式演变过程，本书提出将老年友好型理念引入到城乡规划的编制中，构建了老年友好型城市和养老服务设施体系。针对老龄化社会，本书认为城市空间将由生产型向宜居型转换，由车行为主转向人行为主的慢行社会，由大尺度大分区转向小街区多功能混合，并提出了相关法定规划编制的具体要求。最后，本书还提出了规划管理、用地管理、财政、社会保险等适老化的相关政策建议。

本书基于作者2012年完成的江苏省住房和城乡建设厅科研课题《老年友好型城乡规划研究——以江苏为例》，以及2013年完成的住房和城乡建设部科研课题《人口老龄化趋势下的城乡规划研究》，结合在昆山等地养老服务设施的规划编制实践，从城乡规划角度对老龄化问题进行了系统深入思考，初步构建了老年友好型城市空间环境的理论基础。本书的成稿先后得到了住房和城乡建设部、中国城市规划学会、全国老龄工作委员会办公室、江苏省住房和城乡建设厅、江苏省民政厅、昆山市规划局等单位有关领导的关心；也得到了江苏省住房和城乡建设厅周岚厅长、南京大学张京祥教授和江苏省社科院陈颐研究员给予的诸多建设性建议。在书稿撰写过程中，相关课题组成员陈国伟、韦胜、王进坤、王小健提供了相应帮助，在此一并表示诚挚的感谢！

由于在城乡规划领域进行应对老龄化的研究是个崭新的课题，加上作者知识结构和水平有限，书中存在的错误和不当之处，敬请广大读者批评指正。

目　录

第一章

绪论

1.1 相关理论研究综述

1.1.1 相关学科领域对老龄化问题的研究

目前，老龄化问题已成为大部分国家面临的共同挑战，在研究领域，人口老龄化问题也引起了各个学科领域学者们的高度关注，除了与本研究直接相关的城市规划学及建筑学领域外，社会学、地理学、经济学等多学科的相关理论及实践研究都十分丰富，对本研究也有一定的借鉴意义。

1. 空间宏观视角

空间宏观视角主要集中于地理学领域的城市地理学、社会地理学、人口地理学与经济地理学等学科的研究。这一视角的研究将重点放在城市老年人身上，从另一个角度解读城市空间结构。古典城市社会学依据对资本主义工业化社会的研究来理解城市问题，关注工业化和城镇化过程中的社会变迁，如阶级分化、社会解体、年龄结构等问题（夏建中，1998）。人文地理学将"空间"概念引入到城市的研究中，并与社会学相融合逐渐形成了城市社会地理学的独特视角，重点关注的问题主要包括老年人口地域空间分布、老年人口集聚区与环境建设研究、人口老龄化与城镇化的互动影响研究、人口结构与劳动力结构的人口地理学研究、人口老龄化与历史地理和文化地理学的相关研究等（柴彦威、刘璇，2002）。

空间宏观视角下的城市社会地理学"主要研究那些与'城市空间'有关的特定的社会现象与社会过程（Psul K. & Steven P.，2000）"。对空间和人口关系的研究，以 20 世纪 20 ～ 30 年代崛起的城市生态学派（芝加哥学派）为代表，城市生态学派从老年人口与地域空间的互动关系入手，探讨了城市发展的动态过程，认为城市的区位布局与人口的居住方式是个人通过竞争而谋求适应和生存的结果（邓清，1997）。同时，城市生态学派也开创了两种城市社会学关于老龄问题的研究传统，一是关于城市空间利用的人文生态学，研究城市空间是如何被组织起来的；二是社区研究，研究老年人适应城市空间环境的社会过程（康少邦，1985）。Schwanen 等学者主张老年人与社会空间的"持续接触"面临着社会空间分配不平等的问题，这种社会空间的不平等及其与物质环境之间复杂的相互作用将诱使老年人在生理和心理方面产生问题（Ziegler，2012）。

近年来，随着区域经济格局的变迁、人口迁移以及城镇化进程的加深，更多的学者开始关注城乡间人口流动与老龄化的关系。瑞典学者罗杰斯（Rogers，1984）提出的"年龄—迁移率"理论模型被广泛运用于我国城乡人口迁移与年龄结构变化的趋势判断研究中（杨云彦，1992；王金营，2004；王桂新，2005；王泽强，2012）。这一理论揭示了青壮年人口具有较大的迁移性，而老年人往往集聚于城镇地区的老城区和乡村地区。但同时也有学者结合中国的户籍制度与经济发展阶段，辩证地认为城—乡人口迁移一方面能够缓解城镇老龄化程度，另一方面也提高了农村老龄化程度（姚从容、余沪荣，2005；刘昌平，2008；彭小辉，2012）。

此外，国外学者在对发达国家人口生育率和死亡率下降的研究基础上提出了人口转变理论。该理论从人口转变的角度对发展中国家的农村老龄化问题研究提供了又一个理论依据和分析视角（Thomson W.，1929；Landry A.，1934；Notestein F.W.，1945）。我国学者基于上述理论研究认为，随着迁入城市农村人口收入水平的提高、社会公共服务和保障条件的改善，迁入城市的迁移人口家庭会倾向于生育更少的孩子，继而导致城乡老龄化水平的提升（刘爱玉，2008；史晓霞，2009；吴帆，2010；黄润龙，2011；黄璜，2013）。

2. 空间微观视角

空间微观视角的老龄化问题研究更多地关注老年人的个体行为与个体感知层面。大多采用实证研究的手法以某一特定老年人群体为研究对象，追踪记录其与地理空间的相互关系。其特点是力图通过针对个人行为的线索式研究，总结出不同人群与不同行为系统的匹配，进而更加准确地把握不同类型人群的不同生活需求，为城市规划提供可靠的依据（柴彦威，1998）。

国外学者的研究结果表明，老年人的活动空间随着年龄增长而呈现缩小态势（Basu，1979；Smith、Hiltner，1979；Peace，1982），交通不便和身体机能的下降是主要诱因；经济收入状况的下降是潜在影响因素（Robson，1982）。Peace（1982）将这些影响因素归纳起来，提出了"抑制性偏好"的概念，用来反映老年人理想的活动空间受他们的社会经济地位、社会境况等制约的程度。日本人文地理学者中钵奈津子、田原裕子、岩垂雅子等引入时间地理学方法，对老年人的外出活动及居住地迁移等进行了深入研究。他们从城市老年居民个体出发，将老年人群体置于整个社会环境的大背景之下，通过对城市老年居民活动时间分布、活动方式以及时空间结构的分析，研究社会组织、基础设施配置等对老年人活动的影响（Tahara、Iwadare，1998）。一些关于城市老年人活动空间的研究表明，城市老年人具有更为显著的特殊性和排他性，这使得他们需要对城市空间具有更强的适应力和忍耐力，例如日常行动障碍、应对贫困社区生活的挑战等（Smith，2009；Buffel，2013）。

我国学者的研究表明，60岁以上老年人群体在购物、休闲等日常生活活动的行为特征和空间特征上表现出特殊性（路有成，1996；邓毛颖、谢理，2000；柴彦威，

2009）。早上是老年人最主要的购物时段和康体型休闲活动时段，小区周边的商业设施是老年人主要的购物场所，小区外的公园是老年人比较偏好的休闲场所，步行是老年人购物休闲的主要出行方式。北京大学行为地理学研究小组对中国城市老年人的日常活动的空间结构的研究表明，除了必要的日常散步健身出行以外，老年人的日常活动以休闲购物等私事为主（柴彦威、刘璇，2002）。《苏州市姑苏区养老服务设施布局规划》项目组对姑苏区老年人进行的抽样调查显示，老年人对不同设施的出行偏好存在差异，对养老机构的选择倾向于交通方便而离家近的市区，就医偏好市级医院与社区卫生站。这些空间微观视角的研究，为老龄化趋势下的城市空间组织提供了参考依据。

3. 非空间宏观视角

非空间宏观视角的老龄化问题研究囊括了较为庞大的学科体系，包括社会学（含人口学的部分研究方向）、经济学、教育学和法学等一系列学科在内的多种二级学科相互交叉。同时，由于非空间宏观视角的覆盖面较广，在纷繁复杂的养老问题演变过程中，与其他视角亦产生了千丝万缕的联系。

社会学是对老龄化问题最早关注的学科，并产生了社会学的分支学科——老年社会学。老年社会学研究属于社会科学研究的范畴，主要研究老龄化非生理方面的问题，是专门以年龄为研究变量的学科，主要研究不同年龄的个人或群体在各种社会现象（诸如文化教育程度、婚姻状况、家居状况、就业、收入、社会地位等）中的差别和不同表现，尽可能地解释社会因素对各个年龄群体行为差异的影响程度，包括人类个体老龄化、人类群体老龄化、老龄人群的人道主义问题（老年人的基本权利）以及老龄人口，老龄化与社会可持续发展之间的关系等内容（Hermann N.R、Kiyak H.A.，1992）。国外老年社会学的研究理论主要有撤退理论（Cumming E、W.E.Henry，1961）、活动理论（R.J.、R.Arbrecht.，1953；Burgess E.W.，1960；Havighurst；Rose A.M.，1964）、生命周期理论（Erickson E.H.，1959；Levinson D.J.，1978；Brennan E.M.、Weick，1981 等）、社会交换理论（Emerson R.M.，1962；Blau P.M.，1964；Dowd J.J.，1975）等。

在我国，从社会协调发展与个体生活幸福的视角出发，社会学对老龄问题的研究主要集中在老年人群的社会角色定位、老年人社会阶层研究、城镇化与老龄化的社会学研究、老年人口社会问题研究，以及社会舆论和价值体系的构建等方向，此外，人口统计学亦针对老年人口的规模、结构、变化趋势与制约因素等展开研究，从宏观层面揭示老年人群体的社会学属性。

在老年人生活状况和生活质量方面，自 1990 年代以来，社会学界和老年社会学界就在北京、上海、广州、深圳等大城市多次开展了老年人生活状况和生活质量调查。影响较大的调查是由香港大学与中国内地联合进行的中国内地与中国香港地区老年人生活状况与社会质量研究，研究涉及老年人生活的诸多方面，包括生活居住状况、家庭与社会支持和精神健康、日常生活功能以及生活满意度（齐铱，1998）。总体而言，中国高龄老人对健康状况评价不高（陈卫、杜夏，2002），不同性别、年龄和职业的老人对健康状况的主观评价存在差异（赵明康，2000），老年人通常患有两种或两种以上的慢性病（齐铱，1998；易松国、鄢盛明，2006）。

在养老模式及社区养老服务方面，大部分社会学及老龄社会学学者认为，家庭养老依然是中国主要的养老模式（陶水莲，1998；上官雨时，1997；穆光宗，1999；姚远，1999等），中国人口老龄化在"未富先老"的时候到来，家庭养老模式对解决中国老龄化问题具有重要的意义。社会学学者在这一问题上的关注焦点是社区助老服务的需求种类和需求大小，以及建立以社区为依托、多种力量参与的养老服务体系（李芬，1999；贾云竹，2002；陈丹沛、胡小武、范克新，2004）。

在老龄化社会的应对政策研究方面，社会学学者的观点主要集中在应对人口老龄化的我国社会保障制度构建。具体观点包括完善立法、扩大养老保险覆盖范围、实行弹性退休制度、完善老年社会福利保障体系、健全以居家养老为基础、社会养老为依托的养老服务体系（张永春、蔡军，2005；王燕珺，2005；赫然，2007；陈晓莉、杜小燕，2007；苏春红，2010）。同时，已有部分学者开始关注城乡二元结构对老年社会的负面影响，尤其体现在农村地区（任远，2011）。

在经济学领域，国外经济学家运用多种定量手段，研究了人口老龄化对经济增长、劳动力供给、消费、储蓄、养老和医疗费用支出以及社会保障制度等的影响。主要观点包括人口老龄化将降低经济增长和社会福利（Peterson，1999；Stephan Brunow、Georg Hirte，2006），甚至可能终结亚洲经济高速增长的态势（Jakub Bijak，2007）；人口老龄化必然导致退休年龄延长，建议政府施行弹性退休制度（Paola Profeta，2002；Juan A.Lacomba、Francisco Lagos，2006）。总体而言，国外学者主要关注人口老龄化对区域经济发展的负面影响，这说明绝大多数国外学者对人口老龄化的经济效应持悲观态度。

总体而言，我国经济学家对于人口老龄化对经济增长的影响比国外学者乐观。但在2015～2020年前后中国人口红利将逐渐消失的问题上我国学者已基本达成共识。部分学者提出为迎接人口老龄化冲击，中国需要在当前人口红利仍然存在的时间段内，通过扩大就业、加快人力资本积累和建立适合于中国国情的可持续养老保障模式来充分挖掘未来潜在的人口红利，推动中国经济持续增长（于学军，1995；王德文、蔡昉、张学辉，2004；钟若愚，2005；乜堪雄、何小洲，2007；程超，2010等）；还有学者认为在人口老龄化背景下，技术进步和生产率的不断提高是维持中国经济可持续增长的主要源泉（彭秀健，2006）。同时，多数学者建议顺应人口结构变化，大力发展包含住宅、医护、旅游、教育、一般消费品等在内的老龄产业（邬沧萍，1999；赵宝华，2002；陆学艺、李培林，2004；杨中，2005；余翔，2010；武永生，2011 等）。

4. 非空间微观视角

非空间微观视角的研究主要集中在面向特定老年人个体或群体的心理学或病理学研究领域。其中，心理学的发展与教育心理学分支主要针对老年人口的发展心理学、老年人心理健康教育以及老年人心理干预展开研究，旨在探究老年人特殊的心理特征与心理需求，学者普遍认为，机体衰老而导致的安全感缺失、少子化与现代生活方式导致的孤独感、以及过于专注于子女而忽略自身生活兴趣的培养等是导致老年人心理疾病的主要原因（徐瑞鸢、盛捷，1999；胡菊桂，2006；谢琰臣，2007；王苏玲，2008）。中国老龄科学研究中心在全国范围内开展的"中国城乡老年人口一次性抽样调查"显示，进入老年期后女性丧偶率远远高于男性，应关注"高龄女性化"趋势下老年人的心理及生理需求。而公共卫生与预防医学则通过对老年病防治、老年专科设置体系、特种医学和护理学的研究，为老年人的特殊生理需求提供理论研究依据（李绍兰，1994；黄颖，1996；李毅本，2009；寇业富、周月琴，2012）。

1.1.2 城市规划及建筑学领域对老龄化问题的研究

当前，城市规划领域对老龄化问题的研究以实践研究为主，理论研究为辅。学者对老龄化问题的研究主要集中在居住、城市交通、公共服务设施配置、室外活动（游憩）空间等方面。

1. 老龄化与居住问题

发达国家依据各自的国情，研究的侧重点也有所不同：以欧美为代表的西方各国，由于社会价值观念的影响，老年人大多独居，但两代人之间保持着较为亲密的关系。西方学者在老年独立社区的建设、社会养老网络服务以及社会养老机构方面进行了大量的实践与探讨。以具代表性的美国老年社区为例，规模通常为300 ～ 400 户，社区设施根据老年人的不同需求分为独立居住单元、自立生活的集体公寓、寄宿养护设施和护理院设施，其规划从社会学、美学和医学的角度来考虑构成老年社区环境的主要影响因素，从而满足老年人在生理、心理上的种种特色需求（胡仁禄，1995）。此外，在 1980 年代，西方在"人人平等"的社会公平的基础上，发展出了通用设计原则，用以指导老年及残疾人建筑，在消除年龄歧视、共建平等社会方面理论研究具有领先地位。以日本为代表的东方国家在老年居家养老、无障碍设计方面的研究成果也较为突出，尤其是 1960 年代发展起来的"两代居"住宅，为东方各国家所采纳，成为东方各国家的重要养老模式。此外，欧美和日本还根据本国老年人体模型情况相应制定了各国的标准，以此推导各种活动空间和建筑细部尺寸（如英国 1974 年的 MTP Construction，Housing the Elderly）。

自 1990 年代以来，我国学者就已开始关心老年居住问题。1990 年代，胡仁禄主持的国家自然科学基金项目"城市老年居住环境的研究"奠定了我国老年居住环境建设的框架与理论基础。在养老模式和居住方式的选择上，多数学者认为我国养老必然朝多种模式共存发展（李小云、田银生，2011）。基本观点为近期居家养老仍占主要地位，而从中长期来看，居家养老与多种形式的社会养老将呈现混合发展态势（胡仁禄，2000；周芃，2007；李峰清，2010）。结合养老模式，国内学者提出了同住型、邻居型、分开型等不同的老年人居住方式（陈纪凯，1998）。同时，结合我国的实际情况，大多数学者认为老年住区的发展应结合普通居住区的规划建设，以普通住区和混合式的老年住区为主，不能片面追求规模档次（陈纪凯，1998；马晖，2002；等）。此外，我国学者大多通过对老年人的居住环境状况和他们对居住空间的具体需求，对城市居住区的规划及老年住宅室内空间环境的设计提出相关建议。主要观点集中在对居住区户外环境进行适老改造（户外设施的无障碍改造、增加老年人休憩设施、布局充足的户外活动空间）、在户型上进行适老设计（两代居、无障碍设计）、加强社区养老服务等（刘燕辉、于小菲，2000；赵晔，2003；龙黎黎，2006；马晓强，2008；邹磊、付本臣，2009；黄文婷、魏皓严，2009）。

2. 老龄化与城市交通

当前，国内外学者对老龄化社会的城市交通应对主要集中在城市交通系统无障碍设计问题上。

随着年龄的增长，老年人将逐渐放弃对体力或能力要求较高的交通方式，如自行车和小轿车等，而偏重步行和公共交通（蓝武王、温杰华，1992；毛海虓，2005）。老年人与步行交通方式有密切相关的生理特征包含视觉、听觉、行动能力与反应能力四方面。我国现有道路系统存在着多种不利于老年人出行的因素，如绿灯时间过短、道路人行条件差、交通标识不明显、老年人乘坐公共交通不便（汪益纯、陈川，2010）。因此，城市交通需从通行便利性、通行安全性、服务舒适性、服务平等性四方面考虑面对老龄化社会的城市步行系统（赵建有、王鑫、周娟英，2008）。老龄化社会新型城市交通体系应通过城市中观层面合理的交通引导与用地空间布局，来提高公共交通的效率，并营造富有人本关怀的城市慢速交通网络系统（李峰清，2010）。有学者提出需创建无障碍绿色步行系统（李锡然，1998），有学者提出需采取平静交通措施，注重公共设施的人性化无障碍设计，改善交通标识的设计（朱彦东、汪海渊，2001；郭堃，2006）。此外，还有学者指出，造成老年人步行危险的最主要因素是他们不了解交通设施的意义，因此教育宣传对老年人的步行安全也非常重要（Sandra，1992；李延红，2003）。

此外，国外在交通系统无障碍设计的具体内容上有较多研究和规定，如美国国家标准研究院（ANSI）一般建议包括有轮椅进出的斜坡坡度不大于1∶12，铺有人行道的斜坡坡度不超过1∶10（人行道以外为1∶8）。向路边偏移的坡道采用双线以减少给老年人带来的麻烦，路边标识加粗以有利于人们的识别（Diane Y. Castens，1993）。停车场应靠近并能够方便地到达建筑，同时需有利于人们的视觉监督（Jane Stoneham、Peter，1996）等。

3. 老龄化与公共服务设施

1999年我国建设部、民政部颁布施行的《老年人建筑设计规范》明确提出了专供老年人使用的公共建筑这一概念。类型包括老年文化休闲活动中心、老年大学、老年疗养院、干休所、老年医疗急救康复中心等。2007年建设部颁布了《城镇老年人设施规划规范》，指出老年人设施包括专为老年人服务的居住建筑和公共建筑，其中老年人公共建筑有老年学校、老年活动中心、老年人服务中心、托老所等建筑类型。

当前我国学界对老龄公共服务设施配置的研究主要集中在居住区层面。学界观点认为，应以补充、完善国标《城市居住区规划设计》中的养老服务设施；强调居住社区以家庭养老为核心的服务功能；强化居住社区以"为老、助老和照料服务"为重点的原则，补充完善医疗保健设施、充实文化体育设施和设置老年专业照料服务设施，以满足老年人群体对"老有所医、老有所学、老有所为、老有所乐"的需求（王玮华，2002；项智宇，2004；董戈娅，2006；姜雨奇，2009）。同时，在老龄设施体系的分类上，有学者认为我国老龄设施体系应分为社会养老和居家养老两类（贺文，2005）。

4. 老龄化与室外活动（游憩）空间

老年人的室外活动空间包含社会交往空间、景观观赏空间、健身锻炼空间三部分（王江萍，2009）。当前对老年人室外活动空间的研究同样也主要集中在居住区层面。对于老年人而言，室外社交活动空间的社会参与性是最重要的（姚刚2006；王江萍，2009）。住宅内的室外活动设施应保证让工作人员或居民看见以确保老年人活动的安全性（汤羽扬，2002）。建筑的边界空间和围合空间能为老年人提供必要的安全感（Ecko G.，2002），同时老年人倾向于喜欢小尺度的空间（Leroy

Hannerbaum.，1990）。可达性好、富有季节性变化和视觉美感的花园也是吸引老年人的室外场所（Jane Stoneham、Peter，1996）。总体而言，老年人室外活动场所的规划与设计需考虑到住区的各级绿地、花园和自然区域、公共中庭和露台、屋顶空间、内院和阳台、儿童活动场所（室内儿童活动场所受到许多照看孙辈、希望与年轻人沟通的老年人欢迎）等多方面。

5. 关于规划编制技术及法规指标的研究

国外对于老龄化社会的相关规划编制技术及法规指标的研究大都局限于微观方面的技术性层次研究，从城市规划尤其是总体规划的宏观尺度出发的研究几乎没有发现。2001 年，美国的 Danise A．Boswell 所著的博士学位论文《老年友好型规划以及规划师促进老年人参与规划过程（Elder-Friendly Plans and Planner's Efforts to Involve Older Citizens in Plan Making Process）》，就规划老年友好型的城市空间环境提出了 100 项指标，包括城市规划在土地使用、住房、交通方面对老年人需求的满足程度，设计评分标准进行打分；并探索促进老年人在城市规划过程中的公众参与的方法研究。1999 年 David R．Phillips 和叶嘉安合编的《环境与老龄化：为香港老年人的环境政策、规划和设计》（Environmentand Aging：Environment Policy，Planning and Design for Elderly People in HongKong）中，对老年人的居住环境、住房、人口分布、养老服务设施进行了一系列的研究，提出了有关规划方法、技术标准以及政策措施。这些文献虽然研究的内容和范围比较综合，但没有将老年人生活的城市环境进行严格的分类，也没有从城市规划体系的角度进行研究（表 1-1）。

国外老龄化社会城市空间环境综合方面的重要研究文献纵览　　　表 1–1

研究内容	相关文献
理论研究方面	2001 年，Danise A．Boswell，《老年友好型规划以及规划师促进老年人参与规划过程（Elder-Friendly Plans and Planner's Efforts to Involve Older Citizens in Plan Making Process）》
法规、标准及导则方面研究	1965 年，美国《老人法》； 1963 年，日本《日本老人福利法》； 1970 年，英国《慢性病和残疾人法案》； 1982 年，日本《老人保健法》； 1986 年，日本《日本长寿社会对策大纲》； 1990 年，美国《美国残疾人法案》； 1996 年，巴西《国家老年人政策》等
应用方面研究	1999 年，David R．Phillips 和叶嘉安，《环境与老龄化：为香港老年人的环境政策、规划和设计》（Environment and Aging：Environment Policy，Planning and Design for Elderly People in Hong Kong）

资料来源：邹惠萍．老龄化社会城市环境特殊支持体系规划编制研究 [D]. 上海：同济大学博士论文．

与国外情况类似，国内研究也多从老年住区规划设计方面进行研究，而城市规划编制方面的有关研究较少。邹惠萍的博士学位论文比较全面地从城市规划编制体系的两个不同阶段，即城市总体规划和详细规划阶段，对老年环境特殊支持体系各项内容（包含老年住宅、养老服务设施、适合老年人的城市公共空间、道路交通以及贯穿整个城市空间环境的无障碍设施）的规划编制，从规划编制依据、规划编制内容以及规划实施措施三个方面进行了系统性、框架性的论述（邹惠萍，2008）。其他学者则多是在论文的章节中对城市规划编制的内容有所提及，并不全面。

我国现行《城市用地分类与规划建设用地标准》中，仅在 A22 小类的游乐用地一项中提到了老年活动中心，而且与文化馆、青少年宫、儿童活动中心等设施用地归类在一起，显然这样的城市用地类别划分，已不能适用于我国老龄化社会的城市建设，不能解决老龄化社会所面临的城市用地规划问题。这一点，已经得到国内众多研究人员的共识。如周峰越提出要根据我国老年人的生活行为规律和需求，对城市规划技术经济指标进行有益、合理的调整。要按养老服务设施用地需求的最低标准，在规划用地的"中类"用地中增加"老年人城市用地"。同时，对于老年人社区服务设施项目的建设，在城市总体规划、分区规划阶段就应制定有关定量建设指标（周峰越，1998）。冯健等也认为应考虑在城市规划用地类型中增加"老龄人口用地"的分类，城市规划中应对老年公寓、老年休闲健身场所和活动中心的数量及布局进行通盘考虑和统筹安排（冯健等，2008）。

居住区作为家庭养老环境的有机组成，在物质设施、生活服务、医疗照顾等方面应充分考虑老年人的特殊需求，因此，居住区规划对此作出相应调整十分必要。何韶颖认为应修正现行的居住区规划理论和空间模式，以适应老龄化社会的需要，要综合、系统地研究人口老龄化对居住区规划的新要求，然后将研究成果的主要内容纳入相关标准和规范中（何韶颖，2003）。如《城市居住区规划设计规范》（GB 50180—93）中，各级公共服务设施对老年人的特殊需求未作过多的考虑，极不方便居住区内越来越多的老年人的生活。因此，先后有许多学者认为居住区的公共服务设施项目及其指标必须从人口老龄化的新问题和新角度进行重新修订（朱建达，2001；王玮华，2002；孙艳等，1998；何韶颖，2003；王玮华，1999），分级配置养老服务设施。但是，在 2002 年版的《城市居住区规划设计规范》中，仍然没有单独对养老服务设施作相关规定。

1.1.3　小结

总体而言，老龄化问题正由社会学问题向经济问题延伸，并必将影响未来城市空间。关于老龄化问题在各个学科领域的研究成果十分丰富，认为老龄社会的到来将影响到我国的经济结构、社会发展等多个方面。我国的养老方式应该采取以居家养老为主、社会养老为辅的模式。同时，当前在城市规划与建设中应该从老年人的需求出发，改善老年居住环境与交通出行环境，增加必要的公共服务设施等问题的研究上基本已经取得共识。综合以上研究视角，尽管各学科之间存在着研究领域的交叉，但总体上，各种视角均具有其关注重点与"视觉盲区"。

空间宏观视角关注城市宏观环境和城市居民群体行为之间的关系，为研究城乡老龄化现象提供了一个全新的视角，开辟了研究群体活动与地方环境之间关系的新领域，即在客观制约条件下城乡居民生活行为的研究。但是，该研究视角局限于对社会空间现象的研究，缺乏空间应对研究。

空间微观视角力图分析在老年人身上折射出的行为特征，探讨提高老年人生活质量的策略，和城市社会人口结构变化对城市规划、城市建设、城市社会保障体系建设等的影响。但尚未形成系统的空间研究成果，无法对从城市规划到设施建设提供指引。

非空间宏观视角从注重对老年人个体行为的研究转向注重老年人群体行为和意识研究，将对老年人的研究视角从老年人个人生活表象扩展到了人口群体老龄化某些更深层的社会机理。但非空间的宏观视角忽略了空间物质环境对老年个人或群体日常生活及其空间行为的制约影响。

非空间微观视角往往关注于医学、心理学等较为专业的层面，能够较为准确地从老年人的需求出发，探讨社会养老服务的供给与需求问题。但由于这一视角过于关注"人"本身，对城乡空间环境的直接影响力较弱。

总体而言，当前老龄化研究，需要一个能够统筹宏观与微观视角，综合考虑空间问题与非空间问题的学科并对其加以整合，从而更好地指导城乡规划建设。尽管当前相关学科的研究成果已经比较丰硕，但从城乡规划视角系统研究老龄化的应对问题，并形成明确的实施性指导意见的成果仍较为缺乏。因此，作为城市空间资源综合调配最有效工具的城乡规划，应博采众学科理论之长，在社会老龄化程度逐步提高的当下，丰富城乡规划学科应对老龄化的研究，完善规划技术标准体系，指导规划编制，建立养老服务设施体系，指导设施建设，起到指导老年友好型城乡空间环境塑造和提高、民生工程质量的作用（图1-1）。

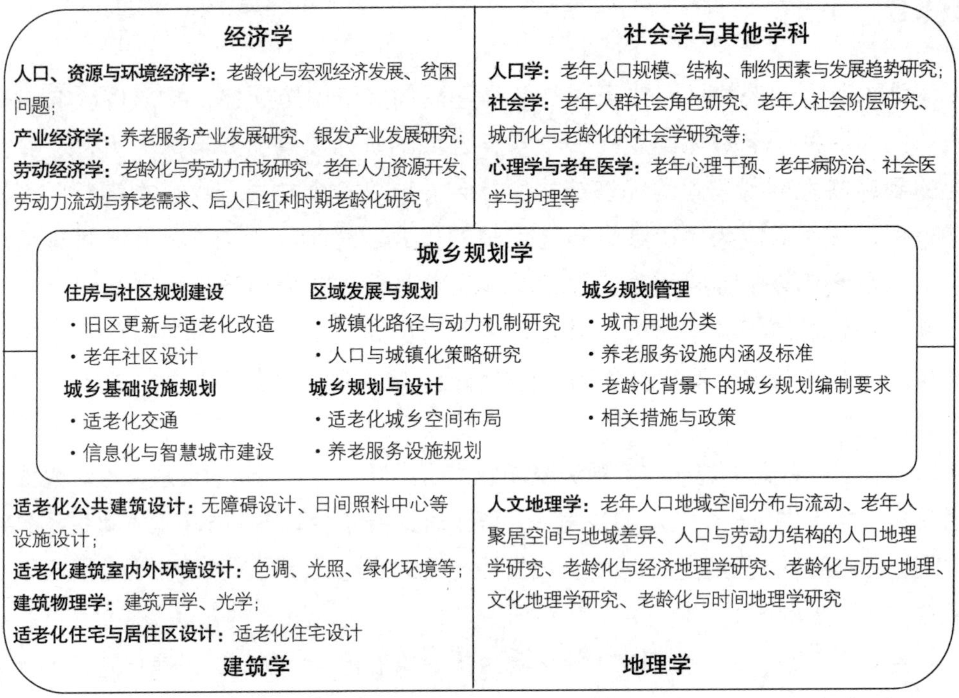

经济学

人口、资源与环境经济学：老龄化与宏观经济发展、贫困问题；
产业经济学：养老服务产业发展研究、银发产业发展研究；
劳动经济学：老龄化与劳动力市场研究、老年人力资源开发、劳动力流动与养老需求、后人口红利时期老龄化研究

社会学与其他学科

人口学：老年人口规模、结构、制约因素与发展趋势研究；
社会学：老年人群社会角色研究、老年人社会阶层研究、城市化与老龄化的社会学研究等；
心理学与老年医学：老年心理干预、老年病防治、社会医学与护理等

城乡规划学

住房与社区规划建设
· 旧区更新与适老化改造
· 老年社区设计
城乡基础设施规划
· 适老化交通
· 信息化与智慧城市建设

区域发展与规划
· 城镇化路径与动力机制研究
· 人口与城镇化策略研究
城乡规划与设计
· 适老化城乡空间布局
· 养老服务设施规划

城乡规划管理
· 城市用地分类
· 养老服务设施内涵及标准
· 老龄化背景下的城乡规划编制要求
· 相关措施与政策

适老化公共建筑设计：无障碍设计、日间照料中心等设施设计；
适老化建筑室内外环境设计：色调、光照、绿化环境等；
建筑物理学：建筑声学、光学；
适老化住宅与居住区设计：适老化住宅设计

建筑学

人文地理学：老年人口地域空间分布与流动、老年人聚居空间与地域差异、人口与劳动力结构的人口地理学研究、老龄化与经济地理学研究、老龄化与历史地理、文化地理学研究、老龄化与时间地理学研究

地理学

图 1-1　老龄化问题相关学科研究框架体系

1.2　研究背景和意义

中国拥有世界上最大的老年人群体，也是世界上老龄化最严重的国家之一。由于近三十年来我国实行了严格的计划生育政策，以及城乡居民人均期望寿命的不断增加，导致中国在经济发展的加速期就面临了严重的人口老龄化问题。未来，生育率大幅下降将导致老年人的子女数量急剧减少，同时子女越来越多地外出寻找就业机会，将打破中国传统家庭养老的整体格局，未来维持与保障老年人的生活质量将变得愈发富于挑战。

1.2.1　研究背景

1. 老龄化态势严峻

中国已成为世界上老年人口最多的国家。根据第六次全国人口普查（以下简称六普），我国 60 岁及以上人口为 1.78 亿人，比例占 13.26%，中国已经全面迈入了老龄社会。根据 2011 年和 2012 年《中国老龄事业发展统计公报》显示，全国

60 岁及以上老年人口为 1.85 亿和 1.94 亿，分别占当年总人口的比重达到 13.7% 和 14.3%，年均增长 900 万老年人。与其他已经进入老龄化社会的国家相比，中国的人口老龄化具有如下特点。

（1）养老人口基数大

根据联合国预测，2014 年我国老年人口将达到 2 亿，2026 年将达到 3 亿，2037 年超过 4 亿，2051 年达到最大值，之后一直维持在 3 亿～4 亿的规模。这一巨大的养老人口基数将考验我们的养老服务能力和养老服务设施供给能力，并在一定程度上要求我国持续加大在养老方面的财政支出。

（2）老龄化进程快

"六普"各年龄段人口所占比例及与"五普"的比较　　　　　　　　表 1-2

	六普（2010 年 11 月 1 日零时）		五普（2000 年 11 月 1 日零时）	
	人数（亿人）	占比（%）	人数（亿人）	占比（%）
总人口	13.40	100.00	12.66	100.00
0～14 岁人口	2.22	16.60	2.90	22.89
15～59 岁人口	9.40	70.14	8.45	66.78
60 岁及以上人口	1.78	13.26	1.31	10.33
其中：65 岁及以上人口	1.19	8.87	0.88	6.96

"六普"数据表明（表 1-2），十年来我国人口老龄化的步伐正在加快。按照当前的老龄化速度，我国未来的老龄化进程将突破原先联合国预测的 2040 年 60 岁及以上人口占比将达 28%、2050 年 60 岁及以上老年人达到 30% 的数据。当我国的老年人群快速增长时，老年人需要社会为其提供必要的养老资金、养老保障设施和养老服务。这就意味着我们需要建立一套能满足不断增长的老年人口生活需求的养老服务体系，以保障老年人能安享晚年，实现传统社会提倡的"老有所养、老有所医、老有所为、老有所学、老有所乐"的大同社会发展目标。

（3）未富先老

我国的老龄化具有明显的"未富先老"特征，即在经济还不发达、城乡居民还不富裕的情况下就出现了人口老龄化。老龄化对经济方面的影响主要表现在：一是劳动力供给减少。据预测，到 2020 年左右，我国将从"人口红利期"转入"人口负债期"，劳动人口缩减，劳动力年龄结构由年轻转入老化，将会出现企业招工难、用工难，劳动力成本升高，制约劳动生产率提高。二是影响资本积累。人口老龄化发展到一定阶段，会使整个社会的消费倾向增加，储蓄倾向降低，进而影响资本积累，使经济增长速度受到制约（图 1-2）。

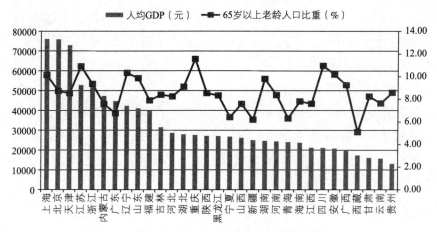

图 1-2 中国大陆地区各省区经济发展水平和老龄化程度

（资料来源：国家统计局，中国统计年鉴 2013）

（4）老龄化水平地域分布不均

全国老龄化程度存在地域分布不均衡现象。老龄化程度较高的地区分为两类（表 1-3）：一是经济发达、高度城镇化的沿海地区，以长三角地区为代表，此类地区经济水平较高，医疗保障条件较好，人口预期寿命较长；二是以四川、重庆为代表的中西部人口输出大省，由于大量青壮年劳动力外出打工，导致了该区域人口老龄化程度严重。

2010 年中国 60 岁以上老年人数据一览表（六普）　　　　表 1-3

省份	常住人口（万人）	60 岁以上人口（万人）	60 岁以上人口比例
重庆	2884.61	538.92	18.68%
江苏	7865.99	1300	16.53%
四川	8041.82	1317	16.38%
安徽	5950.05	969.4	16.29%
辽宁	4374.63	675.08	15.43%
贵州	3474.65	534	15.37%
湖南	6568.37	1000	15.22%
山东	9579.31	1381.86	14.43%
上海	2301.91	331.02	14.38%
河北	7185.42	1003.5	13.97%
浙江	5442.69	755.86	13.89%

省份	常住人口（万人）	60 岁以上人口（万人）	60 岁以上人口比例
广西	4602.66	633	13.75%
黑龙江	3831.22	524	13.68%
河南	9402.36	1285	13.67%
陕西	3732.74	509.32	13.64%
天津	1293.82	176.4	13.63%
吉林	2746.23	370	13.47%
湖北	5723.77	766	13.38%
海南	867.15	113.03	13.03%
北京	1961.24	246	12.54%
内蒙古	2470.63	306	12.39%
甘肃	2557.53	315	12.32%
山西	3571.21	422.25	11.82%
江西	4456.75	509.77	11.44%
福建	3689.42	421.24	11.42%
宁夏	630.14	70	11.11%
云南	4596.62	508.7	11.07%
新疆	2181.33	233.54	10.71%
广东	10430.31	1048	10.05%
青海	562.67	56.32	10.01%
西藏	300.22	24.5	8.16%
全国	133972.5	17764.87	13.26%

2. 当前国内应对老龄化问题的举措

（1）相关政策措施文件的出台

为促进我国养老事业发展，国务院办公厅出台了《社会养老服务体系建设规划（2011—2015 年）》，提出了到 2015 年基本形成制度完善、组织健全、规模适度、运营良好、服务优良、监管到位、可持续发展的社会养老服务体系，基本健全居家养老和社区养老服务网络。随后，国务院出台了《国务院出台加快发展养老服务业意见》（国发〔2013〕35 号文），提出到 2020 年，全面建成以居家为基础、社区为依托、机构为支撑的，功能完善、规模适度、覆盖城乡的养老服务体系。同时，国家发展和改革委员会、住房和城乡建设部等部门批准发布了《老年人建筑设计规范》、《老年人养护院建设标准》、《社区老年人日间照料中心建设标准》与《城镇老龄设施规划设计规范》（征求意见稿）等规划行业规范和城乡建设标准，对城镇养老服务设施的规划布局、选址、室内外环境、功能设施等作了基本规定，为加强和规范老人服务设施建设提供了重要依据。

（2）各地差异化的养老服务设施建设

为解决各地不同老龄化程度的养老问题，国土资源部出台了《养老服务设施用地指导意见》，对合理界定养老服务设施用地范围、依法确定养老服务设施土地用途和年期、规范编制养老服务设施供地计划、细化养老服务设施供地政策、鼓励租赁供应养老服务设施用地、实行养老服务设施用地分类管理、加强养老服务设施用地监管、鼓励盘活存量用地用于养老服务设施建设、利用集体建设用地兴办养老服务设施等内容进行了界定。各省市也出台了差异化的养老服务设施建设要求来解决养老问题。如天津市通过建立集日间照料、生活护理及精神慰藉等服务于一体的"天津养老服务云平台"，力求通过网络平台上的需求信息与供给信息共享，让市场力量来提供多样化的养老服务。江苏的苏州市通过试点废旧厂房改建养老服务设施和在老城更新中采取多点加密、小点布局的设施布局模式，建立"居家养老服务网"和"虚拟养老院"；而海南省利用其优越的气候条件，健全以疗养院和养老地产项目建设为主的、满足候鸟型养老模式需求的设施。

3. 城乡规划应对老龄化的缺位

（1）理论研究缺乏对老龄化的系统关注

当前，研究老龄化问题的相关学科较多，如社会学从社会公平角度研究老年人的心理与生活需求，地理学从老年人的日常活动角度研究老年人的空间行为特征，经济学从老年保障角度关注银发产业，而作为与老年人生活和养老服务设施建设最为密切的城乡规划学科研究相对较少。城市规划领域对老龄化问题的研究以实践研究为主，理论研究为辅。对老龄化问题的研究成果主要集中在居住、城市交通、公共服务设施配置、室外游憩空间等点状的养老服务设施方面，而缺少系统的针对老年人需求的养老服务设施体系研究和适老化的整体城乡空间环境研究。

（2）规划行业规范与规划编制指导有限

2008年开始实施的《中华人民共和国城乡规划法》尽管强调了规划的公共政策属性，但是对于"人"的需求关注不足，尤其是对包括老年人在内的各种特殊人群的不同要求关注不足。其作为我国规划领域的基本法，与国外的规划中将解决老龄化问题与解决环境问题、居住问题列入同等的重视程度相比明显不足。同时，目前执行的《城市公共设施规划规范》、《城市居住区规划设计规范》等技术层面的规范中仅零散出现一些服务设施设置标准的要求，缺乏老龄化对人口规模、交通、用地布局影响的全面认识，造成在建和已建的养老服务设施远远不能满足城乡老年人群需求。

（3）适应中国特色养老模式的养老服务设施建设未成体系

随着人均期望寿命的逐步增加，老年人群在社会人群中所占比例不断提高，中国特色养老模式下居家养老占主导地位，老年人由家庭养老将转向社区养老，老年人群对社区养老服务设施的依赖性越来越大，其对养老服务设施的内容、数量和布局等方面有新的要求。但传统城市规划中疏于对老年人口的关注，城乡建设适老化准备不足。一方面是持续增长的老年人群与滞后的养老服务设施建设存在巨大差距，需要配套更多适应中国特色养老模式的、覆盖人群更广的基本养老服务设施；另一方面，随着城市空间范围的急剧扩大，其对老年人群的出行和生活带来不便，已有的城镇空间不能较好地适应老年人群的需要（如公共活动空间的无障碍设计、医疗设施的就近布局等）。因此，进入老龄化社会后，创造适合老年人生活、出行、游憩需求的城乡空间，配建完善的养老服务设施体系将成为城乡规划工作的重要内容。

1.2.2　研究意义

关注老年人群的生存状态是体现社会公平、促进社会和谐发展和引导新型城镇化战略实施的重要内容。因此，从城乡规划角度系统研究人口老龄化对城乡建设的影响以及提出城乡规划应对老龄化社会问题的措施，具有重要的理论与实践意义。

1. 适应我国老龄化趋势下的社会结构变化，引导城乡空间转型

随着老龄人群的总量上升以及老龄化比例的增加，社会人口结构将向由老年人为主的"倒丁字形"结构转型。日益增长的老年人群正成为城市空间的主要群体，其必将影响城乡社会环境和城乡空间环境的整体优化提升。届时，以人为本的城乡环境建设方向将以适老和助老为主要内容，相应地将促使城乡空间结构进一步转变来适应老龄化趋势下的社会结构转型。本次研究提出了城乡规划应加快从单纯的托底型保障向全社会整体保障、从单点的设施建设向整体城乡空间结构应对的两个转变，并构建了满足老年人群需要的养老服务设施体系，以此来指导城乡规划建设，促进城乡整体空间环境适老化的转变，具有现实需求性和规划研究前瞻性。

2. 深化城乡规划领域应对老龄化的研究，丰富学科理论内涵

本书在统筹宏观与微观视角的基础上，分析相关学科对老龄化现象的研究成果，提出了城乡规划学科应融入社会学，关注老龄人群对城乡土地利用和城市物质空间的需求，重点通过规划目标、规划编制和规划管理等方面的举措来应对老龄化发展趋势，丰富了城乡规划学科解决老龄化问题的研究成果，为城乡空间建设中养老服务设施的配套提供了理论支撑（图1-3）。

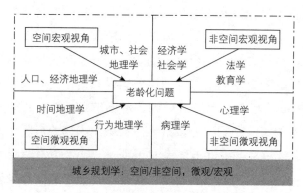

图1-3 老龄化问题研究的学科体系框架示意图

3. 完善规划技术标准体系，推动城乡整体应对老龄化

本书结合我国人口老龄化发展趋势和养老模式演变趋势，对《城市规划编制办法》和《省域城镇体系规划编制审批办法》等行业法规提出修订建议，对城乡规划技术标准体系中已经编制完成的《城市用地分类与规划建设用地标准》、《城市规划基础资料搜集规范》、《城市居住区规划设施规范》、《城市公共设施规划规范》、《城镇老年人设施规划规范》等涉及养老服务设施的相关标准与规范等提出修订建议，并从构建老年友好型城市和打造老年友好型城乡空间环境的角度对城镇体系规划、城市总体规划、控制性详细规划和修建性详细规划等各个法定规划编制应关注的要素进行了研究，探讨了城乡规划编制应关注的问题，指导相关规划编制。

4. 建立养老服务设施体系，指导城乡养老服务设施建设

本书立足社会公平，按照满足社会多元养老需求、适应我国养老模式转变、提升老年人群生存质量、保障老人社会参与权益等原则，建立了由养老服务设施、为老服务设施等构成的养老服务设施体系。同时，本书还制定了设施的分类、分级建设标准，指导相关设施建设；并根据全国各地区人口老龄化的发展差异、地区经济发展差异、民族习性差异，提出了养老服务设施的规划关注要点，指导各地老年设施建设。

1.3　相关概念界定

1.3.1　人口老龄化与老龄化社会

1969 年 8 月 16 日，马耳他驻联合国常任代表向联合国秘书长呈送的议案报告中首次提出了人口老龄化这一名词。人口老龄化是指社会中老年人口占人口总体比重不断上升的过程。

根据世界卫生组织（World Health Organization）的定义，60 岁及其以上人口占总人口数 10% 或 65 岁及其以上的人口占总人口比率超过 7% 的社会便是老龄化社会（Aging-Country）。

1.3.2　老年人

按照《中华人民共和国老年人权益保障法》及国际通用标准，年满 60 周岁及其以上的人称为老年人。

对老年人按年龄进行划分，将 60 ~ 64 岁称为健康活跃期；65 ~ 74 岁称为自立自理期；75 ~ 84 岁称为行为缓慢期；85 岁以上称为照顾护理期。

按生理和心理特征划分，老年人分为自理老人、介助老人和介护老人。其中，自理老人指生活行为完全能够自理，不依赖他人帮助的老年人；介助老人又称为半失能老人，指生活行为需要依赖扶手、拐杖、轮椅和升降设施帮助的老年人；介护老人又称为失能老人，指生活行为需要依赖他人护理的老年人。

本书将老年人群分为自理老人、介助老人和介护老人三类人群。

1.3.3　养老模式

经常见诸报刊的养老模式有家庭养老、社会养老、居家养老、自我养老、机构养老、设施养老、集中养老、分散养老等多种分类。学界也对这些重要概念缺乏统一的界定和厘清，远未达成共识。总体而言，中国传统的养老模式是家庭养老，指老年人居住在家中，主要由具有血缘关系的家庭成员对老年人提供赡养服务的养老模式。现代意义上的养老模式均以社会化服务为基础，根据养老地的不同，主要划分为机构养老、居家养老两种。

1. 机构养老

机构养老指将老年人集中在专门的养老机构中养老的模式。养老机构多以公益性为主，重点为老年人提供生活照料综合性服务，也可以兼顾医疗养护功能。

2. 居家养老

居家养老是指老年人居住地在家，以家庭为核心，以社区服务为依托，依靠社会专业化照料服务的养老模式。

1.3.4 养老服务模式

社会养老服务体系是与经济社会发展水平相适应，以满足老年人养老服务需求、提升老年人生活质量为目标，面向所有老年人，提供生活照料、康复护理、精神慰藉、紧急救援和社会参与等设施、组织、人才和技术要素形成的网络，以及配套的服务标准、运行机制和监管制度。根据养老服务提供的不同方式，主要可以分为居家养老服务、社区养老服务和机构养老服务三种养老服务模式。

（1）居家养老服务涵盖生活照料、家政服务、康复护理、医疗保健、精神慰藉等，以上门服务为主要形式。

（2）社区养老服务是居家养老服务的重要支撑，具有社区日间照料和居家养老支持两类功能，主要面向家庭日间暂时无人或者无力照护的社区老年人提供服务。在城市，结合社区服务设施建设，增加日间照料中心等养老设施，增强社区养老服务能力。倡议、引导多种形式的志愿活动及老年人互助服务，动员各类人群参与社区养老服务。在农村，结合城镇化发展和新农村建设，以乡镇敬老院为基础，建设日间照料和短期托养的养老床位，逐步向区域性养老服务中心转变，向留守老年人及其他有需要的老年人提供日间照料、短期托养、配餐等服务；以建制村和较大的自然村为基点，依托村民自治和集体经济，积极探索农村互助养老新模式。

（3）机构养老服务以设施建设为重点，通过设施建设，实现其基本养老服务功能。养老服务设施建设重点包括老年养护机构和其他类型的养老机构。老年养护机构主要为失能、半失能的老年人提供专门服务，重点实现生活照料、康复护理、紧急救援等功能。鼓励在老年养护机构中内设医疗机构。其他类型的养老机构根据自身特点，为不同类型的老年人提供集中照料等服务。

本质上涉及设施的应该就是社区养老服务设施和机构养老服务设施两大类。

1.3.5 社区与居住区

从学术意义上来分析，社区是指有一定地理疆界的居民聚居地，是社会系统中相对于政府、企事业单位等而言具有特定功能的子系统，这是广义社区的概念。我国通常意义上的社区指我国的基层组织概念，也即居委会的管理辖区，从所辖区域尺度来看，一个社区可能包含多个居住小区。

居住区是具有一定的人口和用地规模，并集中布置居住建筑、公共建筑、绿地、道路以及其他各种工程设施，被城市街道或自然界限所包围的相对独立地区。按规模大小和等级的不同，可以分为居住区、居住小区、居住组团。其中，居住区是居民生活在城市中，以群集聚居形成规模不等的居住地段。合理规模一般为：人口5万~6万（不少于3万）人，用地50~100hm²左右。居住小区是以住宅楼房为主体并配有商业网点、文化教育、娱乐、绿化、公用和公共设施等而形成的居民生活区。居住人口规模7000~15000人，配建有一套能满足该区居民基本的物质与文化生活所需的公共服务设施的居住生活聚居地。居住组团一般称组团，指一般被小区道路分隔，居住人口规模1000~3000人的居住地块。

社区养老服务设施可以依托居住小区建设，居委会管理；机构养老服务设施则一个或者几个街道统筹建设，市统筹管理。

1.4 研究内容

1. 中国特色养老模式

基于我国老龄化现状特征和发展态势，结合我国老年人个体需求和社会需求特征，分析未来我国社会养老服务的需求结构变化情况，研究中国特色的养老模式。

2. 适老化城市空间

人口年龄结构变化带来了城市空间需求转变。本书基于老年人的行为特征，研究其对城市物质环境的需求，从适老化的居住空间、交通空间和公共空间三方面提出适老化城市空间建设的主要方向。

3. 老年友好型城市指标体系

本书从老龄化趋势以及老年人群特征分析人口老龄化对社会结构、经济发展、城乡规划带来的影响，提出了老年友好型城市空间环境营造的必要性以及老年友好型城市的内涵和指标体系。

4. 中国特色养老服务设施体系

根据不同生理阶段老年人（自理老人、介助老人、介护老人）的需求，提倡老年人居住方式多样化，顺应家庭养老向社会养老转变，提出构建由养老服务设施和为老服务设施构成的中国特色养老服务设施体系。

5. 应对人口老龄化的城乡规划编制建议

将老年友好型的理念引入城乡规划，对人口老龄化趋势下城镇体系规划、城市总体规划、控制性详细规划和修建性详细规划等法定规划以及养老服务设施专项规划，提出系统的编制要求。

6. 应对人口老龄化的城乡规划政策措施建议

从完善城乡规划法规、相关规范标准和规划实施机制等方面提出城乡规划管理建议，从老年友好型城市构建的角度提出城乡养老保障制度、城乡医疗保障制度、财税政策、土地供应政策等相关政策措施建议。

1.5 技术路线与研究方法

1.5.1 技术路线

本书主要技术路线如图 1-4 所示，重点围绕应对老龄化对城乡规划的挑战，基于人口老龄化的发展趋势和老年人的生理特征、心理特征与行为特征，借鉴国际养老与为老设施建设经验，顺应从家庭养老向社会养老的养老模式演变过程，将老年友好型理念引入到城乡规划的编制中，构建了面向老年人群的老年友好型城市和宜老社区的养老服务设施体系；在规划编制中通过对适老居住社区、养老服务设施、为老服务设施、适老交通设施和适老公共开敞空间等空间要素的分析，逐步落实在区域城镇体系规划、城市总体规划、控制性详细规划、修建性详细规划、村庄规划等法定规划和养老服务设施专项规划中；最后，本书还提出了规划管理、用地管理、财政、社会保险等适老化的相关政策建议。

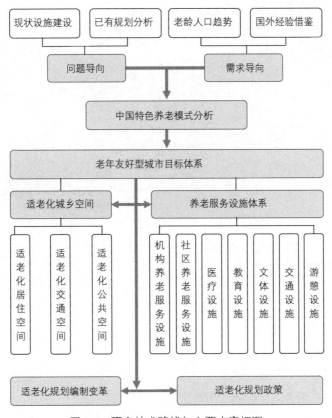

图1-4 研究技术路线与主要内容框图

1.5.2 研究方法

本次研究围绕需求（老年人生理需求、心理需求、行为需求——供给适老空间、设施和规划应对）来展开，采用国际借鉴、社会调查、比较分析、模型分析等方法。一方面，采用回归分析等多种数学模型，预测各发展阶段我国人口老龄化的发展趋势，采用比较研究和国际借鉴的方法，对国内外应对老龄社会发展的相关研究和实践进行客观分析借鉴，探讨了国内外养老服务设施体系建设的内容。另一方面，本研究还采用现场踏勘和问卷调查等社会调查的方法，进行全国范围内养老服务设施建设现状和养老需求的分析。同时，还进行了实证案例规划。通过对国内北京、上海、南京、新疆、宁夏、广东等省区市养老服务设施进行的现场调研，实地踏勘了福利院、养老院、养护院、社区老年人日间照料中心、银发社区、老年公寓、老年大学、老年活动中心、老年专科医院等各种类型的养老服务设施；选择了江苏省的部分市县进行广泛深入的社会调查，了解不同经济发展水平和老龄化水平下的老年人需求。

第二章

国内外养老模式借鉴

2.1　国内外养老模式概况

2.1.1　养老模式特征概述

养老模式的内涵包含了老年人的居住生活场所、养老服务供给来源两个层面。传统的养老模式中，这两层内涵往往是统一的，即居住在家中的老年人由家庭提供养老服务，而居住在机构的老年人由机构提供养老服务。但随着社会化分工的专业化发展，养老服务市场的不断完善，催生了养老模式的创新。

在传统的养老模式中，由于家庭观念的不同，西方型社会与东方型社会的养老模式有较大的差异（表 2-1）。西方型社会传统家庭观讲求独立自主、互不拖累，形成了亲子分居、以小家庭为主的家庭结构，故而政府和社会在养老中起到了主力作用；而东方型社会的传统家庭观讲求赡养老人、敬老爱幼，带来的是多代同堂大家庭，家庭主导的居家养老是社会的传统模式，但随着独生子女政策影响下的家庭结构小型化，东方社会传统的多代同堂大家庭在我国特别是城市地区已不多见，完全居家养老已不可能。因此，社会化养老和家庭养老相结合的养老模式在当前的中国社会十分必要。

东西方老年居住环境及对策比较　　　　　　　　　　　　　　　　　表 2-1

比较项	西方型社会	东方型社会
传统家庭观	独立自主、互不拖累	社会公德应赡养老人、敬老爱幼
主体家庭结构	亲子分居、小家庭为主	传统家庭多代同堂为主，现代家庭结构趋于小型化
老年福利体制	政府立法，社会保险	政府立法，社会家庭共同承担
老年福利对策	增强老人独立生活能力	增强家庭养老功能
老年住宅形式	低层独立式住宅或公寓	多层集合式住宅或公寓
社区服务目标	援护纯老年家庭	援护住宅养老环境
老年居住福利设施	满足老人对居住环境多样化的需求	开发社区服务网点，收养在宅养老有困难者

资料来源：何鹏.试论我国养老模式在居住社区规划中的发展趋势 [D].北京：清华大学硕士论文.

2.1.2　国际养老模式

总体而言，当前发达国家的养老模式主要以北美（美国）、欧洲（英国、瑞典、德国）、东亚先发国家（如日本、新加坡等）和澳洲（澳大利亚）为代表。

1. 美国：以市场化运营为核心的多元化养老

从居住模式上看，美国从 1970 年代开始大量兴建各种各样的老年居住建筑，扩大了老人自主选择养老居住方式的范围。1980 年代开始大量出现老年社区的开发建设（分为营利型和非营利型，大多位于环境较好的郊外，并由私人投资商业化运作）。社区中包括各种专门为老年人服务的配套设施，形成老年产业的发展基地。美国还有很多养老院和养老中心，每个州都制定了本州的法律来管理这些老人之家。

从养老服务供给来源来看，美国的养老责任由政府、社会和个人共同承担，其中社会在养老服务领域中起着主导作用。出于养老成本与财政支出的考虑，当前美国更倡导老年人居住在家中，由专门的养老服务机构提供居家养老服务。美国营利型的私立养老服务机构占到 66%，非营利型的私立养老服务机构占 27%，其余 7% 为政府建设的服务机构（吴洪彪，2010）。美国很多养老物业经营者不是开发商，也不是运营商，而是养老服务商，且很多服务商是上市公司。美国通过市场化服务的运营拉动了整条产业链的发展。

美国市场化运营的养老市场需要由完善的社会保障制度支撑。按美国社会保障署资料，全美 96% 的在职人员参加了社保体系。在职人员通过在职期间缴纳"社会保障税"以获得退休后的相应社保福利（获得多少视其工作时间长短、缴纳社保税额度及退休年龄而定），社保福利提供最基本的生活保障作用。

2. 欧洲：以社会福利制度为核心的独立生活居家养老

除了瑞典、芬兰等高福利国家完全依靠政府和社会来提供养老之外，欧洲其他国家大都借鉴他们，并建立起了以社会福利制度为核心的独立生活居家养老体系。基本养老保险、职业年金制（或称企业年金制）、政府以税收优惠政策鼓励个人补充养老保险等三个保险支柱是西欧及北欧大多数国家老年人养老的经济保障基础。因为老年人分散独立生活居住者占绝大多数，政府也为此特别关注老年家庭服务派遣网络、老年饮食服务部门和老年俱乐部等社区养老服务及配套设施建设。

（1）英国

英国老年人的养老模式主要分居家（社区）养老和机构养老两大类，有约 80% 的老年人选择居家养老模式。同时，英国政府也通过一系列的政策，鼓励老年人尽可能住家养老。

英国的各类养老服务资源由国家级的退休年金制度、国家卫生服务体系和地方政府统一配置，由社区医疗、护理、照料机构进行整合。各照料机构和人员要按需向老年人提供"医疗—护理—照料—康复—家政"服务，所有服务都要得到老年人（或家人）许可并由老年人自主选择。该系统以老年人为中心，以老年人的实际照料需求为出发点，在科学评估的基础上，结合老年人的经济承受能力，提出合理的照料方案。对于经济困难的国民，政府提供补贴乃至全部免费的照料服务。该系统兼顾公平与效率，以公平为主，以老年人为中心，以人性化服务为主。

英国除了有庞大的国家退休年金系统、国家卫生服务体系向老年人提供经济、政策、法规、技术支持外，在各社区还建有不同的老年照料组织，以向老年人提供住家照料、日间照料、单一的住院生活照料和住院护理照料以及临时服务（如送餐、修脚、喂饲、户内和户外活动等）（表2-2）。此外，还有形式多样的慈善组织、社工组织、志愿者组织向老年人提供照料服务。英国的社区服务组织已经成为向老年人提供照料服务的主体。老年人在社区得到的服务分为免费、优惠价、市场价三种。对于经济特别困难的老年人来说大多数是由政府购买向其提供服务（图2-1）。

英国的老年照料体系 表2-2

类型	内容
住家照料	个人照料如洗涤、穿衣、上厕所、喂食、做饭、帮助运动、个人卫生；家政服务比如清洁、整理床铺、购物、熨烫衣服；医学照料比如换敷料、执行医嘱。从1h到24h，从夜间到白天，从住家到偶然陪护。采用哪种方式由老人的需求和支付能力决定
非住家照料	老年庇护所（有一般庇护所，通常不提供照料服务；特殊庇护所，可能提供特殊设备等）、养老院、护理院，或既具备生活照料又具备护理的双功能护理院

资料来源：潘金洪 . 英国老年照料系统的重构和整合——以英格兰为例 [C]. 南京：南京大学出版社 ,2007.

（2）瑞典

根据瑞典法律，子女和亲属没有赡养和照料老人的义务，赡养和照料老人完全由国家来承担。经过半个世纪的努力，瑞典已建立起了比较完善的社会化养老制度。瑞典老人中与家人或子女共居者仅占7％，住在各类医疗养老服务设施中的也在5％以下，而且入住者大多数在80岁以上。因此，瑞典老年居住福利对策的重点在于确保提供适合老年人居住的各种住宅，并为在宅养老的老人提供健全的社区服务。

瑞典目前实行的有三种养老形式，即居家养老、养老院养老和老人公寓养老。养老院的服务对象基本是失去生活自理能力的孤寡老人和患有痴呆等严重疾病的老人。老人公寓（服务楼）则是1970年代在瑞典兴起的养老形式，70岁以上的老年人才有资格申请，公寓房以两居室的小户型为主，楼内设餐厅、小卖部、门诊室等服务设施，并有专人提供24小时服务。

瑞典政府当前大力推行的是居家养老的模式，争取让所有的人在退休后尽可能地继续在自己原来的住宅里安度晚年。法律规定，凡是领取国家普遍养老金的老年人，都可以领到住宅津贴。对于不适于老年人居住的一般住宅，政府发给修建补助或贷款供老年人自行改建。同时，政府还为养老金领取者在普通住宅内建造老年公寓。统计数据显示，截至2007年年底，斯德哥尔摩市65岁以上的老年人共有11.2

万，占全市总人口的 14.2%，其中继续居住在自己家里颐养天年的约为 10.27 万人，占老年人口总数的 91%；住在疗养院或养老院的有 6400 人；此外，还有 2900 人居住在随时能得到服务的老人公寓。

瑞典实行居家养老的关键是建立了功能齐全的家政服务网。以斯德哥尔摩近郊的老年人口比例达 18%、居家养老比例占 90% 的富人岛——"利丁屿"为例。地方政府在全岛设立了 4 个家政服务区，为当地所有居家养老的老人提供日常生活所需要的全天候服务。这些服务包括个人卫生、安全警报、看护、送饭、陪同散步等。居家养老的人凡有需要，几乎都可以在这里得到满足。瑞典各地方政府负责提供的家政服务收费标准根据接受家政服务的老人实际收入确定（图 2-2）。

图 2-1　英国老年照料体系示意图

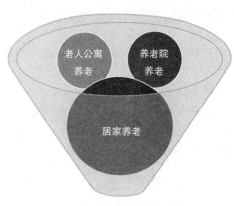

图 2-2　瑞典的老年照料体系示意图

（3）德国

据德国联邦统计局的数据，德国现有人口约 8300 万，60 岁以上老年人占人口的 23%，到 2050 年，德国人口将从现在的 8300 万下降到 7000 多万，一半以上的人口将超过 50 岁，1/3 的人口超过 60 岁。

当前德国老年人主要有居家养老、机构养老、社区养老、异地养老、以房养老等五种养老方式（表 2-3）。其中以居家养老最为普遍，社区养老正在成为主流，机构养老占比约为 5%～7%。

德国的养老模式　　　　　　　　　　　　　　　　　表 2-3

养老模式	基本内容
居家养老	老年人在家中居住，靠社会养老金度日
机构养老	由专门的养老机构（包括福利院、养老院、托老所、老年公寓、临终关怀医院等）对老人进行全方位的照顾

养老模式	基本内容
社区养老	与德国政府开始实行的"就地老化"制度相吻合:强调对老人的身心、健康、生活进行全面服务,且都在社区内进行,不脱离原有社区的人际关系。 　　同时,为了解决老年护理人员的短缺问题,德国政府还实施了一项特殊政策——"储存时间"制度。公民年满 18 岁后,要利用公休日或节假日义务为老年公寓或老年病康复中心服务。参加老年看护的义务工作者可以累计服务时间,换取年老后自己享受他人为自己服务的时间
异地养老	包括旅游养老、度假养老、回原居住地养老等
以房防老	为了养老而购买房子,利用房租来维持自己的退休生活

资料来源:郭竞成.居家养老模式的国际比较与借鉴 [J].社会保障研究,2010(1).

此外,德国政府通过社会基本养老保障、私人养老金计划、个人储蓄、援助计划(对老年人实施各种优惠政策、住房基金、民间援助、针对老年人的监护法等)四大支柱保证老年人养老的权益。

3. 东亚:以社会福利政策为支持的多代共居居家养老

(1)日本

日本内阁府发布的《2011 年老龄化社会白皮书》显示,截至 2010 年 10 月 1 日,日本人口为 1.28 亿,其中 65 岁及以上人口占总人口的 23.1%。

在 1989 年前,日本在老年人居住方面的对策主要是大量建设养老院,这些养老院依入住对象的生活自理程度和设施所提供的服务内容而分为不同的类型。

1989 年,日本推出了被称作"金色计划"(Gold Plan)的"推动老年人保健福利事业 10 年战略"。其核心内容是:紧急建设特别养护老人院、日间服务中心、短期入所设施,通过家庭护理员(Home Helper)的培训推动在宅福利事业。此时,虽然特别养护老人院的建设仍然是核心内容之一,但在宅护理已经受到了重视。

1999 年 12 月,日本又推出了 21 世纪的老龄化对策"金色计划 21(Gold Plan 21)"。该计划有两个核心思想:一是加强建设为智障老人提供护理服务的"小规模的老人之家(Group Home)",二是鼓励形成"相互支撑的社区",提倡让所有的老年人和他们的家人在熟悉的社区充实地生活。

2002 年,日本发布了"2015 年的老年人护理——确立维护老年人尊严的护理制度"。这一制度将今后老年人护理的方向和目标确定为"维护生活的持续性,以尽最大可能在自己家里生活"。这标志着日本的老年人护理制度迎来了重要的转折点——即由"设施护理"向"在宅护理"的转型。

可见,面临高度老龄化、少子化的国情,日本曾经历了致力于兴建各类养老院的阶段。但在经过 30 多年的探索之后，日本的养老模式已在主推"小规模、多功能的在宅养老"，强调老年人在自己家中养老，加强与社区的互动（图 2-3）。

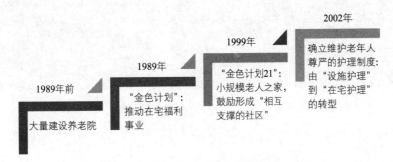

图 2-3　日本养老模式及养老政策演变示意图

日本的养老护理服务可归纳成"在宅服务"和"设施服务（即在养老机构接受全方位的服务，并在那里安享晚年）"两种类型（表 2-4）。日本政府更为鼓励以家庭养老为主的"在宅服务"，并为之提供了非常全面的援助。具体说来，一是家庭护理员上门对卧床老人进行服务，内容主要包括身体护理（照顾饮食、入浴、排泄等）、家务（烧菜、斋洗、打扫房间、购物等）以及生活咨询等；二是定期早晚用车接送老人到设在养老院里的或单独设立的"日托护理中心"，对他们进行包括入浴、用餐、日常生活训练、生活指导等各种服务；三是把老人暂时送到社区养老院等小规模养老机构接受短期的护理服务（图 2-4）。

日本养老护理服务分类　　　　　　　　　　　　　表 2-4

类型	名称	服务内容
在宅服务	入户探访服务	对日常生活不便的老人家庭进行探访、家务、清理工作
	入户护理服务	对卧病在床的老人提供包括基础护理在内的上门服务
	日托服务中心	提供老年人娱乐、接送、洗澡、吃饭等服务
	咨询服务中心	提供有关政策、医疗、生理、心理等方面的专业养老咨询服务
	短期入住设施	接纳介助、介护老人，可提供长达 7 天的全天候照料服务
设施服务	特别养护老人院	接纳介护老人
	保健院	接纳有康复需求的老年人，提供体能锻炼和康复服务
	廉费老人院	接纳生活基本能够自理但无法在家养老的老人，需交纳一定的费用
	高龄生活福利中心	是小规模的老人综合服务设施，内设床位，接纳需要护理的老人

资料来源：周燕珉，陈庆华．日本老年人居住状况及养老模式的发展趋势 [J]．住区，2001（3）．经笔者整理．

图 2-4 日本老年住宅

（2）新加坡

2010 年新加坡常住人口 526 万人，60 岁以上老人 84 万人，占 16%。主要采取居家养老、日托养老以及机构养老这三种方式实现老有所养。

居家养老：为了防止越来越多的老年人家庭出现"空巢现象"，新加坡建屋发展局专门推出几代同堂户型并制定了优惠政策，鼓励年轻人赡养父母、照顾老人，即对年轻人愿意和父母亲居住在一起或购买房屋与父母亲居住较近的，经有关部门审核、批准后可一次性减免 3 万新元。

日托养老：对于无暇照顾在家的老年人和孩子的家庭，新加坡成立了"三合一家庭中心"。家庭中心将托老所和托儿所有机地结合在一起，既照顾了学龄前儿童、小学生，又兼顾到老年群体。有些家庭可能是每天由年轻的夫妇将老人和幼儿一起送到这里。老少集中服务，既顺应了社会的发展需要，解决了年轻人的后顾之忧，又满足了人们的精神需求，增进了人际交往与沟通，防止了"代沟"的出现。

机构养老：与我国目前各类养老机构主办的老年公寓的建设运营基本一样，且分为高、中、低等不同档次的收费标准。

4. 澳大利亚：以政府行为推动下的社会化养老

澳大利亚是世界上国民平均寿命第二高的国家，老年人口占全国 2300 万人口的 14%。作为高福利国家，澳大利亚具备相对健全的养老体系。政府在养老服务方面的作用非常关键，即要对所有类型的服务提供方进行资格审查和行为规范，负责审批养老院的建设和改建，为养老服务提供资金支持。

澳大利亚的养老模式分为机构养老（ Residental Care ）和居家（ 社区 ）养老（ Home Dased Care ）两类。

居家养老是目前澳大利亚老人主要采取的养老方式。1984 年以前，澳大利亚是以机构养老为主的，兴建了一定数量的老年护理院和养老院。但是，随着人口老龄化程度不断提高，老年人口增长速度过快，政府负担过重，原有的养老机构已经不能满足需要，向旧的养老模式提出了挑战。为了应对形势的变化，1984 年联邦政府决定在全国实行"家庭和社区照料"计划,拉开了由机构养老向社区养老转变的序幕,著名的 HACC 项目是其中最成功的案例。项目的服务内容有家庭护理、家庭照料、送餐、协助购买、暂休服务[①]、交通、园艺、家庭维修、日间护理等。服务的提供者一般是社区服务中心,大都属于非营利机构。项目资金由联邦政府和州政府共同筹集,联邦政府承担资金的 60%,州和领地政府承担资金的 40%,地方政府负责缺口资金的筹集。目前有约 30 万澳大利亚人接受项目提供的服务,80 岁以上的老年人占了 48%,65 岁以下的人群占了 40%。

过去的 20 年里,澳大利亚政府对老年服务和照料政策实行宏观调控,采取多种措施,鼓励老人尽可能长时间地在家中接受照料,减少对护理院的依赖,通过日间照料中心、集中供餐服务、暂休服务等方式取得了显著成果。依赖护理院的老年人已经开始逐步减少,护理院的数量呈现不断减少的趋势,而家庭和社区照料服务不断增加。

2.2　国内外养老模式特征

2.2.1　发展阶段特征

根据世界卫生组织定义,65 岁及以上人口占总人口的比例达到 7% 时,为"老龄化社会"(Ageing society),达到 14% 为"老龄社会"(Aged society),达到 20% 时为"高龄社会"(Hyper-aged society)。以此划分,国外主要发达国家大多已进入高龄社会阶段。

与之相适应,国外发达国家的养老模式也经历了一个演替过程。20 世纪初期,美国、英国、德国等西方发达国家在进入老龄化社会伊始,大多采用机构养老模式,通过多种类型的养老机构建设,对城乡老年人采取集中供养。然而,随着经济水平与社会文化的不断进步,西方的主流养老模式逐步向社区养老过渡,大型养老社区的建设有效推动了各类养老产业的发展。当前,以专业化社区养老服务为支撑的居家养老模式成为西方发达国家的主导方向。与西方发达国家相比,以日本、新加坡为代表的发达国家则在更短的时间内经历了养老模式的变迁。尽管东方家庭的文化背景使其在较长一段历史时期内大多采用居家养老的模式,但与当前主导的居家养老模式相比,传统的居家养老无法实现以社区为单位提供高效、便捷、专业的养老服务。因此,当前日本、新加坡等亚洲发达国家则更倡导以专业化社会服务为支撑的居家养老模式(表 2-5)。

[①]　暂休服务,又名喘息照顾。为痴呆老人提供暂时性的上门照顾或托管服务,从而为照料老年人的家庭成员或照料者提供临时休息和放松的机会,同时又可以让老人持续地在安全的环境接受护理。

国内外老龄化进度比较

表 2-5

	美国	瑞典	英国	德国	日本	新加坡	澳大利亚	中国	世界平均	发达国家	最不发达国家
老龄化社会（7%）	1950年	1890年	1920年	1930年	1970年	2000年	1975年	1999年	1990年	1950年	2040年
城镇化水平	64.2	—	—	—	71.9	100	85.9	—	—	—	—
阶段时长	40	85	45	45	25	15	15	21	45	40	40
老龄社会（14%）	1990年	1975年	1965年	1975年	1995年	2015年	1990年	2020年	2035年	1990年	2080年
城镇化水平	75.5	81.6	77.8	72.6	78.0	100	92.3	—	—	—	—
阶段时长	35	25	65	35	5	15	35	15	10	20	20
高龄社会（20%）	2025年	2000年	2030年	2010年	2000年	2030年	2025年	2035年	2045年	2010年	2100年
当前所处老龄化阶段	深度老龄化	超老龄化	深度老龄化	超老龄化	进入老龄化	深度老龄化	深度老龄化	进入老龄化	进入老龄化	超老龄化	未老龄化
文化背景	西方文化	西方文化	西方文化	西方文化	东方文化	东方文化	西方文化	东方文化	—	—	—
人均GDP（2012年）	49965	55245	38514	41514	46720	51709	67036	6188	10172	—	—
当前主流养老模式	以市场化运营为核心的多元养老	以社会福利制度为核心的居家养老			以社会福利政策为支撑的多代共居养老		以政府行为推动的社会化养老		—	—	—

资料来源：以上各国及世界进入老龄化各阶段的时间节点依据相关文献资料整理，不同文献中或略有出入。2012年各国人均GDP数据源自世界银行，单位为美元。

注：表中以65岁及以上人口作为老龄人口。

2.2.2　发展趋势预测

从上述国家的养老模式可以看出，随着社会化服务的兴起，许多发达国家都经历了从鼓励机构养老到回归居家养老的过程。

首先，社会化服务的多元发展为居家养老模式的回归创造了条件。随着交通信息业和电子科技的不断进步，过去必须集中居住在养老机构才能获得的服务，如今已可以居住在家中，通过上门服务或社区集中供给获得。

第二，当代老年人的养老观念与需求已发生巨大的变化，集中居住的机构养老模式已无法满足当代老年人个性化、多元化的养老需求，特别是老年人对私密的生活空间以及家庭生活氛围的渴望需要通过居家养老模式得以满足。

第三，随着老龄化趋势的日益加剧，集中居住的机构养老模式势必对城市土地供给、护理人员、医疗设施等带来更大的需求，专享型的养老机构建设势必会造成部分养老服务设施的重复建设，对政府财政和社会带来较大的负担，而通过居家养老模式，可以充分利用社区公共服务资源实现部分养老服务设施和为老设施的共建共享。

由此可以认为，社会化养老服务供给保障下的居家养老将成为未来一个阶段主流的养老模式。除此之外，针对介护老人和失能老人的养老机构，以及一些设施现代、服务完善的银发社区或养老地产项目，亦将成为居家养老的补充。

第三章
中国特色养老模式

3.1 中国老龄化现状特征

3.1.1 规模

根据第六次全国人口普查（以下简称六普），我国 60 岁及以上人口为 1.78 亿人，占总人口数的 13.26%，比 2000 年人口普查上升 2.93 个百分点，其中 65 岁及以上人口占 8.87%，比 2000 年人口普查上升 1.91 个百分点。

2011 年和 2012 年《中国老龄事业发展统计公报》显示，全国 60 岁及以上老年人口分别为 1.85 亿和 1.94 亿，分别占当年总人口的比重达到 13.7% 和 14.3%，年均增长 900 万老年人。

3.1.2 结构

1. 年龄结构

年龄分层理论认为，年龄决定了社会成员的阶层，各阶层之间由于体力、社会、心理因素不同，具有不同的社会需求。尽管 60 岁以上的人都被划定为老年人，但是不能忽视老年人之间的年龄跨度很大，不同年龄层的老年人在生理特征、性别结构、行为特点和心理状态上存在明显差异。我国通常将老年人划分为低龄老年人（60 ~ 69 岁）、中龄老年人（70 ~ 79 岁）和高龄老年人（80 岁以上）。

根据第六次人口普查结果，我国低龄老年人比重为 7.48%，占全部老年人口的 56.24%；中龄老年人口比重为 4.26%，占全部老年人口的 32.03%；高龄老年人口比重为 1.57%，占全部老年人口的 11.8%（图 3-1）。全国老龄人口高龄化趋势较为显著，高龄老年人口比重由五普时期的 0.95% 提升至 1.57%，年均增长 5.15%。

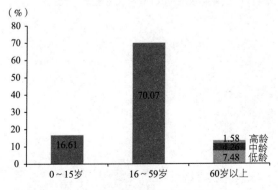

图 3-1　我国老年人口年龄构成

（数据来源：国家统计局．第六次人口普查数据 [Z]，2010）

2. 性别结构

从性别构成来看，老年人口呈现明显的女性化趋势。据预测，2000～2050年，我国60岁以上人口总量将增长3倍左右，其中女性老年人口将增长3.2倍，增幅超过男性老年人口。这一趋势在高龄人口中表现尤为突出。六普数据显示，60岁以上人口中，男女性别比约为0.96。其中，80岁以上的高龄老年人口中，男女性别比仅为0.72。根据中国老龄科学研究中心在全国范围内开展的"中国城乡老年人口一次性抽样调查"，老年妇女的经济状况明显比老年男性差；男大女小的传统婚姻模式以及女性寿命长于男性的客观事实，使得进入老年期后女性的丧偶率远远高于男性（图3-2）。

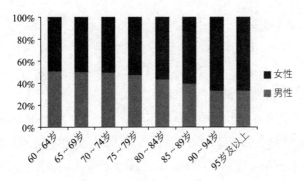

图 3-2　我国老年人口性别构成

（资料来源：国家统计局.第六次人口普查数据[Z]，2010）

3. 受教育水平

根据"中国城乡老年人口一次性抽样调查"数据（图3-3），1992～2000年间，我国城乡老年人口的文化素质普遍有所提升。老年人口文化素质的提高很大程度上是由于受教育程度较高的人群进入老年所致，同时，老年文化教育工作不断加强也是一个重要因素。因而，这一趋势在2000年以后更为显著。

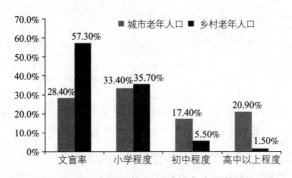

图 3-3　我国老年人口受教育水平构成

（资料来源：中国老龄科学研究中心.中国城乡老年人口一次性抽样调查[Z]，2000）

4. 收入水平

新中国建立后，随着经济不断发展，包括老年人在内的人民生活水平也在不断提高。近十几年来，在经济实力增强的基础上，全国人民的生活进入了小康阶段。与此同时，我国老年人口的生活水平也有显著提高。《中国1987年60岁以上老年人口抽样调查资料》表明，中国城市老年人口的年平均收入为901元，农村老年人口年平均收入为422元。1992年《中国城乡老年人供养体系调查》显示，1991年城市老年人口年平均收入为2053元，农村老年人口年平均收入为832元。2000年《中国城乡老年人口状况一次性抽样调查数据分析》表明，城市老年人口年平均收入为8496元，农村老年人口年平均收入为2232元。2000年城市老年人口的年平均收入是1991年的4.1倍，是1987年的9.4倍；农村老年人口的年平均收入是1991年的2.7倍，是1987年的5.3倍以上。中国老龄科学研究中心的《中国城乡老年人口状况追踪调查》结果显示，城市老年人享有退休金（养老金）的比例由2000年的69.1%上升到2006年的78.0%，年平均收入从7392元提高到11963元，增长了61.8%；同期老年人年收入低于当地最低生活保障线的比例由4.9%下降到3.5%。农村老年人享有退休金（养老金）的比例由2000年的3.3%上升到2006年的4.8%，年平均现金收入从1651元提高到2722元，增长了64.9%；老年人年收入低于当地救助标准的比例同期由31.9%下降到23.9%。绝大多数老年人的基本生活不仅得到了切实保障，而且有了明显改善。

随着老年人的经济收入增加，城乡老年人家庭生活条件也得到改善。根据中国老龄科学研究中心《中国城乡老年人口一次性抽样调查》的研究成果，2000年城市老年人家庭平均拥有住房3.32间，户均住房面积达70.3m²，90.5%的老年人有自己单独的住房。住房制度改革后，66.8%的城市老年人对自己的住房拥有所有权。农村老年人家庭平均住房4.02间，户均住房面积达85.7m²，90.3%的老年人有自己单独的住房。老年人家庭生活设施的种类和拥有率均大幅提升。根据《厦门市城区老年人生活状况与对策调研报告》的研究成果，到2007年，厦门市老年人家庭基础设施，自来水、煤气、厨房和厕所的拥有率都在98%以上。家庭常用电器，冰箱、洗衣机、电话的拥有率比10年前提高了15%～20%，空调的拥有率提高了60%。

5. 空间分布

根据2012年全国各省、自治区、直辖市的老龄化水平分布（图3-4），全国老龄化水平最低的省份是新疆、西藏和广东。江苏、山东、安徽、湖南、湖北、重庆、四川是全国老龄化水平最高的省份，老龄化水平均超过10%。总体上，东部地区的老龄化程度高于西部地区。长江中下游地区为老龄化最为严重的区域。

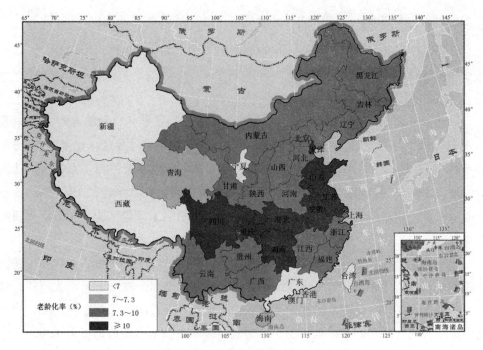

图 3-4　2012 年我国各省份老龄化率分布图

3.1.3　发展阶段

从 65 岁以上人口占比 7% 的"老龄化社会",到 65 岁以上人口占比 14% 的"老龄社会",美国经历了 40 年,英国经历了 45 年,日本经历了 25 年,而中国将仅仅经历 20 年左右。在这一阶段中,中国的城镇化水平将从 30.9% 陡升至 60%。更为严峻的问题是,据预测,中国将在 2035 年迎来 65 岁以上人口占比 20% 的"高龄社会",这意味着,中国将与美国和澳大利亚(2025 年)、英国和新加坡(2030 年)几乎同时期进入高龄社会,卷入全球范围的银发浪潮中。

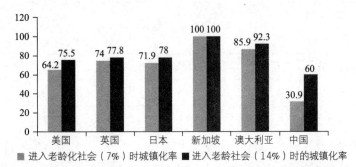

图 3-5　中国与发达国家进入老龄化社会与老龄社会时期城镇化率对比

注:(1)图中以 65 岁及以上人口作为老龄人口。(2)根据联合国预测,中国将在 2025 年进入老龄社会
(65 岁及以上人口占 14%)。根据《国家新型城镇化规划(2014 ~ 2020 年)》,到 2020 年,我国城镇化率将达 60%。

3.2 中国老龄化态势

3.2.1 老龄人口增长态势

目前，中国 65 岁及以上老年人口数已达 1.19 亿，占总人口数的 8.9%。采取趋势法进行预测，到 2020 年 65 岁及以上老年人口数将达到 1.8 亿，比重从 2010 年的 8.9% 增长到 12.9%。预计 2040 年代将形成老龄人口高峰值，65 岁及以上老年人口数将达 3.4 亿，比重达 19.68%；到 2050 年，我国老龄化水平将在 18.13%，65 岁及以上老年人口数将达 3.2 亿左右。由此可见，中国的人口老化速度和老年人口的绝对数增长都比较快，中国老年人规模比例在迅速地上升。

由于历年统计数据与人口老龄化定义中的年龄划分标准不一致，上述基于统计年鉴数据进行的老龄人口规模与老龄化水平预测是针对 65 岁以上老年人口的。结合联合国（表 3-1）、全国老龄委对我国人口老龄化发展趋势的预测（图 3-6），对上述预测结果进行修正，并根据五普、六普数据中人口的年龄构成与城乡构成，以及 2012 年《中国城市发展报告》对我国城镇化水平的预测，得到我国未来老龄化发展趋势以及城乡差异预测结果（表 3-2）。

联合国对 1950 ~ 2050 年中国人口老龄化状况的预测　　　　　　　表 3-1

		1950 年	1975 年	2000 年	2025 年	2050 年
总人口（亿人）		5.55	9.28	12.75	14.71	14.62
60 岁以上人口（亿人）		0.42	0.64	1.29	2.88	4.37
年龄中位数		23.9	20.6	30	39	43.8
老龄化指数		22.3	17.6	40.7	106.5	183.3
各年龄组人口比例（%）	0 ~ 14 岁	33.5	39.5	24.8	18.4	16.3
	15 ~ 59 岁	59	53.6	65	62.1	53.8
	60 岁以上	7.5	6.9	10.1	19.5	29.9
潜在支持比		13.8	12.8	10	5.2	2.7
总人口平均人口增长率（%）		1.9	1.5	0.7	0.2	-0.3
60 岁以上平均人口增长率（%）		2.1	2.8	2.1	3.7	0.9
65 岁以上平均人口增长率（%）		2.5	3	2.6	3.6	0.2
80 岁以上平均人口增长率（%）		3.9	-3.3	4.8	5	4.5

资料来源：联合国老龄化议题专题 [EB/OL]. http://www.un.org/esa/population/publications/worldageing19502050/index.htm.

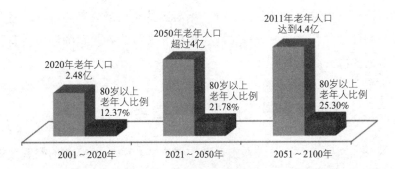

图 3-6　全国老龄委对我国人口老龄化趋势预测结果

（资料来源：全国老龄工作委员会办公室 . 中国人口老龄化发展趋势预测研究报告 [R].2006）

我国城乡老龄人口规模与老龄化水平预测结果　　　　　　　　　　表 3-2

年份	总人口 （亿人）	60 岁及以上 人口（亿人）	老龄化水平 （%）	城镇化水平 （%）	城镇地区老龄 化水平（%）	城镇老人： 乡村老人
2010 年	13.41	1.85	13.80	51.27	11.68	0.77：1
2015 年	13.90	2.15	15.47	55	12.96	0.85：1
2020 年	14.15	2.41	17.03	60	15.18	1.2：1
2030 年	14.40	3.13	21.74	66	21.08	1.8：1
2040 年	14.32	4.01	28.00	72	27.36	2.5：1
2050 年	14.20	4.35	30.28	75	31.58	3.4：1

3.2.2　新型城镇化对老龄化的影响

　　新型城镇化以农业转移人口的市民化为重要任务，与之配套的户籍制度改革等将推进外来人口的本地化，从而也将对城乡老龄化产生新的影响。

　　首先，农村转移人口的市民化将通过发挥替代性迁移的作用，有利于调节大城市的人口结构，增强大城市的有效竞争力和生产力，有利于为城市可持续发展提供更加充足的劳动力资源，从而有利于解决城市中的老龄化问题。

　　第二，城乡统一的居民基本养老保险制度[①]、财政转移支付同人口市民化挂钩机制[②]等一系列有利于农村转移人口市民化的制度建立以后，将有利于促进社会公平，增强社会和谐，促进城乡人口纵向流动，促进更多生产力较高的农村剩余劳动力向城镇地区流动。

　　第三，城乡统一的居民基本养老保险制度改革将使城乡老年人享有平等的基本

---

① 《国务院关于建立统一的城乡居民基本养老保险制度的意见》（国发〔2014〕8 号）。
② 《中共中央关于全面深化改革若干重大问题的决定》，2013 年 11 月 15 日。

养老保障，这对于解决农村地区人口外流所导致的空巢老人养老难问题将产生积极作用。而新型城镇化和城乡发展一体化过程中，城乡收入差距的缩小将有利于农民养老支付能力的提升。

3.2.3　新人口政策背景下的老龄化趋势

随着第一代独生子女普遍进入婚育期，城市"4-2-1"式简单的家庭数量显著增加。这样的家庭抵御风险的能力较弱，并因此导致空巢家庭、失独家庭大量存在。在这样的背景下随着一方是独生子女的夫妇可以生育两个孩子的新人口政策（以下简称单独两孩政策①）启动实施，可以在政策上调整"4-2-1"式的家庭结构，可明显优化家庭结构，提高家庭抗风险和未来照顾老人的能力；同时，将在长远时间内有利于保持合理的劳动力规模，延缓人口老龄化速度。

3.3　中国老龄化社会需求特征

3.3.1　老龄化趋势下的家庭变迁

少子化、老龄化、高龄化对中国家庭产生的多重影响，必然使传统的家庭养老功能弱化。我国养老服务方式正在发生根本性变化，正由传统的"家庭养老"方式为主，转变为以"社会养老服务"为主，并将对我国应对老龄化发起严峻挑战。因此，保障和改善民生，实现更高水平的"老有所养"是必然趋势。

1. 家庭人口结构

1980 年以后，随着计划生育国策的实施，城镇居民家庭基本上实现了"独生子女化"，农村居民家庭虽然独生子女比例远比城镇低，但也有相当多的农村家庭一对夫妇只生一个子女。随着平均寿命的延长，"4-2-1"的家庭结构已经大量出现。随着"单独二胎"的政策逐步放开，这一政策将在较为长远的一段时间内对缓解老龄化趋势产生积极作用。但短期内，生育率的显著回升和公共资源的供给压力，以及家庭开支和生活成本的上升，都将对家庭养老的供养能力造成一定程度的削弱。

---

① 《中共中央关于全面深化改革若干重大问题的决定》，2013年11月15日。

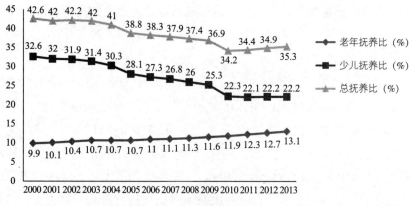

图 3-7　2000 ~ 2013 年我国人口抚养比变化情况

数据来源：国家统计局，中国统计年鉴（2000 ~ 2013）

2. 家庭供养模式

改革开放以来，人口大规模跨国、跨地区、跨城乡的流动使得大量年轻人口离开父母到异地求学或就业。伴随着"家庭小型化"和"少子化"时代的到来，以家庭供养为传统的家庭养老的危机由此引发。此外，"失独"和"空巢"家庭养老难亦成为老龄化社会需要面对的新问题。人口大规模流动，使更多的老年父母失去"家庭养老"的可能性。

3. 家庭伦理价值观

改革开放以来，在两代人独立分居的物质条件具备以后，人们的价值观念随之发生变化。追求生活独立和生活质量的观念逐渐占据主导地位，大多数子女也选择同父母分开居住，而老年父母大多数实际上也认可和接受这样的安排。这对依赖于亲子血缘纽带的"孝道"伦理价值观产生影响。许多老年人不再一味依赖子女供养养老，而是选择独立居住或养老院养老。

3.3.2　老龄化趋势下的社会影响

1. 养老支出

目前，我国城镇职工实行的是"社会统筹"与"个人账户"相结合的养老保险计划，并没有摆脱人口年龄结构的影响。因为"社会统筹"和"个人账户"的资金来源相同，资金平衡的本质仍然是时期平衡，或者说是"现收现付"式，那么就业人口与退休人员的比例必然影响资金的平衡。随着我人口老龄化程度的不断加深，人口老龄化高峰将在 21 世纪 30 ~ 40 年代达到高峰，老年抚养系数迅速上升，退休年龄保持不变导致劳动者退休后的生活时间不断延长、大量退休职工再就业，继而引发养老保险基金收支缺口日益扩大，将成为我国养老保险成本上升的主要因素。

2. 退休年龄

根据《中国社会保障改革与发展战略》关于"中国退休年龄延迟方案"的研究成果，中国的退休年龄偏低，退休年龄与人口预期寿命延长不相适应。1950 年，中国人口平均寿命预期男性仅为 40 岁，女性为 42.3 岁；到 2000 年，中国人口预期寿命已提高到男性 69.6 岁，女性 73.3 岁。人口预期寿命提高，人们退休后的生命余年也将延长。维持原来的退休年龄规定，意味着人力资本投资回报期缩短，劳动力可能在人力资本高峰期退休。面对中国基本养老保险沉重的支付压力，推迟退休年龄已无法回避，而与之密切相关的养老金发放、劳动力就业、"双轨制"养老制度改革等问题，亦关乎社会稳定与发展。

3. 医疗保障费用

人口老龄化过程中公共医疗费用的上升是两个因素交互作用的结果，一是老年人的规模和比重的迅速膨胀，二是老年人口人均医疗费用的增长。从发达国家的情况来看，65 岁以上人口与 65 岁以下人口的人均医疗费用比例约为 3：1 ~ 5：1，特别是 75 岁以上人口的医疗费用增长更快。我国目前离退休人员与在岗职工保险福利费中医疗卫生费比例约为 2.2：1，随着经济社会发展水平的提高，这一比例还将不断提高，对国家资源和政府预算的压力也将越来越大。

4. 人口红利

老龄化浪潮一方面将减少我国的劳动力资源数量，另一方面也将促成人口红利消失的理论基础。如果社会人口比较年轻，则收入相对较高，消费相对较低，因此推动整个社会的储蓄率较高，则投资水平和资本形成率维持高位，对经济发展有利；当老龄化到来后，老年人收入低，消费高，储蓄率低，则老年人越多，对社会的资本形成和投资越有不利影响。进城务工人员工资普遍上涨，东部城市"招工难"、"用工荒"等社会问题就是老龄化的社会响应的体现。

与此同时，由于老年人对于影响现代社会经济发展至关重要技术手段的运用与学习能力往往落后于年轻人，特别是在各类要素高速运转的信息化、计算机、互联网等领域，这些行业往往需要保持较为旺盛的创新能力和适应能力。相关产业人群的年龄、思维方式和操作技能将对社会整体的创新能力产生影响。

5. 消费能力

根据代际转移体系（National Transfer Account）的研究数据，美国、德国、日本、瑞士等国家老龄人口的消费能力对其进入超级老龄社会以后的内需拉动具有较强的支撑力，由此推动就业和维持经济平稳发展。对比这些国家，中国的消费分布则成明显的差异，那就是 10 ~ 34 岁这个年轻群体的消费较高，而老年消费则相对较低，并没有形成西方国家那样的老龄人口高消费。按照人口结构的消费能力，可以看出中国老龄人口的消费只占总消费比例不到 10% 的份额，而德国、美国、日本、瑞典等国家都达到了 20% 以上，中国大陆和韩国、中国台湾和巴西的消费结构比较类似（图 3-8 ~ 图 3-10）。

在"十八大"报告提出的转变经济发展模式背景下，内需将成为未来中国经济发展的重要推动器，随着老龄化的深入，如果老年人群体的消费不能上升，则拉动内需将会压力更大。我国老人消费如果按照目前的消费结构发展的话，未来老龄人口的消费额度占总消费额度的比例将难以达到西方国家老人的消费水平，这对于拉动内需明显不利。未来发展养老产业，提供老龄消费品将是扩大内需的重要内容。

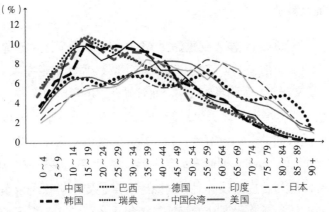

图 3-8　不同国家和地区分年龄段人均消费水平

（资料来源：胡乃军．老龄潮来袭 [EB/OL].中国经济报告，2013）

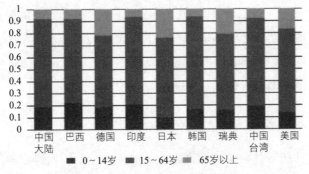

图 3-9　部分国家和地区人口结构及各年龄段人口消费占比

（资料来源：胡乃军．老龄潮来袭 [EB/OL].中国经济报告，2013）

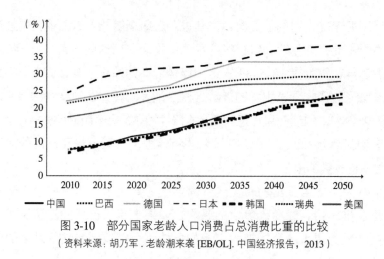

图 3-10 部分国家老龄人口消费占总消费比重的比较

（资料来源：胡乃军 . 老龄潮来袭 [EB/OL]. 中国经济报告，2013）

3.4 老年人个体需求特征

1. 生理特征及需求

一般而言，女性超过 60 岁、男性超过 65 岁即步入医学上的衰老期。步入衰老期的老年人生理机能一般都随着年龄的增长而下降，具体表现在以下几个方面：体形外表的变化、器官萎缩、骨骼系统变异、血管硬化、呼吸功能降低、消化能力变差、脑细胞萎缩、感觉机能减退、内分泌功能和新陈代谢功能下降、免疫功能减弱等。

基于以上生理特征，老年人对声、光、热、无障碍、人体工效环境等有着特殊的需求。声环境方面，老年人对噪声较为敏感，易失眠、怕干扰、爱清静。因此，在老年公共服务设施和居住区设计时，对隔绝噪声的要求必须予以重视。光热环境方面，由于血液循环和新陈代谢功能衰退，老年人冬天怕冷、夏天怕热的现象比较明显。因此，冬季老年住宅的日照间距和采光条件尤为重要，同时公共服务设施设计中要考虑到老年人夏季通风纳凉的需求。无障碍环境设计方面，目前无障碍设施都只是针对残障人士，对高龄老人的需求考虑较少。而公共建筑和室外游憩场所的可达性对老年人群至关重要，有必要保证老年人住所与基本的服务设施、公共建筑无缝衔接，使其能够顺利到达。人体工效环境方面，要求器械、设施设计符合老年人的生理机能，便于老年人使用。

2. 心理特征及需求

随着退休、丧偶等社会角色和家庭关系的转变，老年人群心理的孤独感、失落感、自卑感和抑郁感会有所增强。伴随着上述种种心理，老年人群必然会对其生活环境产生保护性反应。第一是安全感。针对老年人年老体弱的生理特征进行安全方面的考虑十分必要，如无障碍、防火防盗设计措施。第二是归属感。老年人这种归属需求表现为希望他人接纳，同时希望参与社会群体组织，融入集体的心理。第三是邻里感。邻里交往困难，户间关系淡漠是现代小区的共性问题。据调查，城市中有25%的老年人都希望社区能提供聊天解闷服务。第四是场所感。场所特征和宜人尺度对老年人心理感知尤为重要。老年人群一般不喜欢鳞次栉比的城市社区，而更青睐"面对面"的住区生活，更向往朴实的人文环境和和睦的邻里交往氛围（图3-11）。

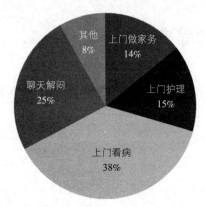

图3-11　江苏老年人口对社区服务的需求状况
（资料来源：江苏省城市规划设计研究院 . 老年友好型城乡规划研究——以江苏为例 [R], 2011）

3. 行为特征及需求

（1）集聚性

集聚性指老年人在相互交往和参与公共活动时，在其社会背景、文化层次、特长爱好、生活价值、年龄层次及健康状况等因素的影响下，在交往中所产生的互为吸引和共鸣的内在感应。老年棋友、牌友、遛鸟伙伴、老年戏曲爱好者、老年舞蹈大多是集中式的集聚，且常常有多位老人旁观。这种主动性与协从性的活动，有助于活跃气氛和提高老年人的愉悦之情。

（2）时域性

时域性指在不同地理区域、气候条件及季节时令等条件下老年人的活动意愿与行为特征，它显示出老人活动与时间之间交织和互动的关系。如平时与节假日、上午与下午，老年人的出行方式与活动特征也不尽相同。如北方地区老人多有上午到茶馆品茶、下午到传统浴室洗浴等休闲方式，而南方地区老人则多有上下午听戏曲之爱好。相关资料表明，老人每日的出行时间多在清晨 6～7 时，上午 9～10 时和下午 2～5 时。

（3）地域性

老年人在特定的地区和空间中所进行的这种习惯性的活动行为被称作地域性行为。一般而言，老年人群不会轻易改变在所熟识环境中活动的行为特征，总喜欢去自己熟悉的地方与老朋友交流。同时，老年人活动的地域性还与环境设施有关，具有地方文化特色的环境设施更容易被老年人所喜爱。而从老年人的出行习惯和政策保障来看，包括公交汽车、地铁等公共交通往往是老年人的主要交通工具。因此，老年人的活动场所往往与公交汽车站、地铁站等邻近布局。

3.5　中国特色的养老模式

在需求总体规模不断扩大的同时，未来我国社会养老服务的需求结构也将发生深刻变化。充分认识这一发展趋势，对于合理选择社会养老服务模式，科学制定相应的规划和政策更为重要。

由于历史的原因，我国现阶段的社会养老服务体系建设尚处于初级发展阶段。不仅如前所述，社会养老服务的供给总量严重不足，而且结构也带有明显的"初级阶段"的特征。《社会养老服务体系建设规划（2011—2015年）》提出的方针是："社会养老服务体系建设应以居家为基础、社区为依托、机构为支撑，着眼于老年人的实际需求，优先保障孤老优抚对象及低收入的高龄、独居、失能等困难老年人的服务需求，兼顾全体老年人改善和提高养老服务条件的要求。"这种表述集中反映出"初级阶段"的特征，可以概括为：①强调"以居家养老为主"；②以"托底服务"为主，即"优先保障孤老优抚对象及低收入的高龄、独居、失能等困难老年人的服务需求"。现有的资料和数据已经表明，随着我国养老服务由初级阶段向高级阶段迈进，应当开始"现代化"社会养老服务体系的建设进程，未来我国社会养老服务的需求结构将发生以下三方面的深刻变化：

（1）由"居家养老为主"转变为"以居家养老为主，以机构养老为补充"的养老模式。

受机构床位严重不足、服务水平不高、收费不规范、政策不配套等原因影响，目前城乡老年人对机构养老的认同度尚且有待提升。但是从需求角度，根据新浪新闻、零点研究咨询机构养老意愿调查数据，老年人对居家养老和机构养老的需求分别为27.9%和25.3%，两者大体相当。随着目前影响和制约机构养老的原因逐渐改善和消失，我国社会养老服务的需求结构必将由"居家养老为主"转变为"以居家养老为主，以机构养老为补充"。

（2）由"托底服务为主"转变为"全面满足养老服务需求"。

所谓"托底服务"是指针对最困难的、高龄失能老年人群体的保证他们基本生存、生活需要的服务。这在现阶段和未来都是十分必要的，但是也不可忽视身体状况较好、收入较高、追求较高生活质量、满足精神慰藉需要的老年人的养老服务需求。如果说，超过总数一半的老年人需要社会养老服务，那么从理论上说，需要休养疗养型养老服务的老年人数量将超过需要"托底服务"的老年人。随着经济社会的持续发展，这部分老年人将越来越多。因此，从"十三五"开始，我国社会养老服务的需求结构必将由"托底服务为主"转变为"全面满足养老服务需求"。

（3）由低水平的服务转变为较高水平的服务。

《社会养老服务体系建设规划（2011—2015 年）》指出，"我国社会养老服务体系建设仍然处于起步阶段，还存在着与新形势、新任务、新需求不相适应的问题，主要表现在：缺乏统筹规划，体系建设缺乏整体性和连续性；社区养老服务和养老机构床位严重不足，供需矛盾突出；设施简陋、功能单一，难以提供照料护理、医疗康复、精神慰藉等多方面服务；布局不合理，区域之间、城乡之间发展不平衡；政府投入不足，民间投资规模有限；服务队伍专业化程度不高，行业发展缺乏后劲；国家出台的优惠政策落实不到位；服务规范、行业自律和市场监管有待加强等。"这充分说明我国现阶段社会养老服务仍然是低水平的。正是这种低水平的服务，反过来又制约着老年人对社会养老服务的需求。实质性提高养老服务的水平，是我国未来社会养老服务需求结构变化的一个主要方面。综合国内外的实践和学术界的研究成果，较高水平的、与现代化相适应的养老服务，必须做到服务内容全面、专业水平较高、机构运作规范、服务标准严格、合乎人道主义、老人享有尊严。

综上，在当前老龄化的发展趋势下，中国特色的养老模式，正从"以家庭养老为主"转变为"以社会化养老为主"。随着社会养老服务体系建设的推进，中国特色的社会化养老服务模式，也演进为"专业化服务支持下的居家在宅养老为主，机构养老为补充"。

第四章

老年友好型城市发展目标

老龄化社会的来临必将影响未来老年人群主要聚居地——城市，如何促进城市空间环境适应人口年龄结构的变化，需要可测评、可考核的指标体系来引导。

4.1 老年友好型城市发展目标

4.1.1 老年友好型理念

为进一步提高老年人群的生存质量，在巴西里约热内卢召开的 2005 年第十八届老年病学和老年医学 IAGG 会议上，世界卫生组织首次提出"老年友好型"这一理念。

"老年友好型"指面向老年人群、适应老年人生存与生活需求的状态。目前，对老年友好型社会无明确的界定。一般主要指"老有所乐、老有所学、老有所为、老有所用、老有所养、老有所医"的社会，能满足老年人生理功能与躯体健康维度、精神需求与心理状态维度、社会功能与社会适应维度的社会。

4.1.2 老年友好型城市内涵

1. 既有概念及内涵

根据世界卫生组织的定义，老年友好型城市指通过政策、服务、场所和设施方面的整体支持，使人们以积极态度面对老年生活，认识老年人的广泛潜能，对老年相关的需求予以积极的预测与响应，尊重他们的决定和生活方式的选择，促使他们全面融入和参与城市生活。

2. 基于城乡规划角度的内涵

基于推动建设老年友好型的城市环境，帮助城市老年人保持健康与活力，消除参与家庭、社区和社会生活的障碍，城乡规划角度的老年友好型城市指尊重老年人生活方式，促进老年人融入社会生活，为老年人提供多种养老模式选择的，以无障碍出行、服务设施多元、尊老爱老氛围融洽为支撑的社会环境。

4.2 老年友好型城市指标体系

根据中国发展研究基金会发布的《中国发展报告 2010：促进人的发展的中国新

型城镇化战略》，到 2030 年，我国的城镇化率将达到 65%，届时将有 70% 的老年人居住在城镇地区。因此，解决城镇地区老年人口的养老问题将是以后解决我国养老服务难题的重中之重，建设老年友好型城市也将成为城市建设和城乡发展的重要目标。

老年友好型城市指标体系主要是引导城市建设中落实老年友好型空间要求，引导老年友好型理念在城乡发展中落实。因此，制定能衡量相关养老服务设施建设和社会养老服务供给的指标体系具有重要的意义。

4.2.1 指标体系相关研究概述

1. 相关部门的研究

为引导各类城市建设向适应老年人生活需要转变，中国老年学学会制定了《中国老年人宜居（宜游）城市科学指标体系》。该成果以建设老年友好城市为目标，通过设立老年人宜居公共环境和老年人宜居专门性环境两类指标，来指导城市由大众型向适老型转变，建设能满足老龄化社会中老年人生理需求、心理需求的养老服务体系。

主要评价指标内容如表 4-1 所示。

"中国老年人宜居城市"建设指标体系 表 4-1

一级指标层	二级指标层	序号	三级指标层	三级指标编码	三级指标分值
老年人宜居环境公共指标 A1	生态环境 B1	1	建成区绿化覆盖率	C1	3
		2	废物处理率	C2	3
		3	环境空气质量优良率	C3	3
		4	全年 15 ~ 25℃的气温天数	C4	2
		5	老年居民对申报城市生态环境满意度	C5	4
	经济环境 B2	6	城镇居民人均可支配收入	C6	3
		7	农村居民人均纯收入	C7	3
		8	恩格尔系数	C8	3
		9	老年居民对申报城市经济生活的满意度	C9	4
	社会环境 B3	10	城镇化率	C10	3
		11	城乡居民收入比	C11	3
		12	失业率	C12	3
		13	老年居民对申报城市社会安全的满意度	C13	3

一级指标层	二级指标层	序号	三级指标层	三级指标编码	三级指标分值
老年人宜居环境专项指标 A2	敬老优待政策保障 B4	14	城市老年人免费乘公交年龄	C14	2
		15	城市敬老爱老助老氛围	C15	3
		16	低保老年人救助标准	C16	3
		17	城市主干道无障碍设施情况	C17	3
	老年经济保障 B5	18	城镇职工基本养老保险覆盖率	C18	4
		19	新型农村社会养老保险覆盖率	C19	4
		20	城镇无工作无收入老年人津贴制	C20	3
		21	新型农村社会养老保险申报城市补贴金额	C21	3
	老年医疗保障 B6	22	城镇职工基本医疗保险覆盖率	C22	4
		23	农村新型合作医疗覆盖率	C23	3
		24	每千名老年人拥有医疗卫生技术人员数	C24	3
		25	老年居民对申报城市医疗保障水平的满意度	C25	3
	老年照护保障 B7	26	每千名老年人占有养老床位数	C26	2
		27	政府对失能老年人的护理补贴	C27	3
		28	居家养老服务体系城乡覆盖率	C28	3
		29	老年居民对申报城市养老服务设施和服务水平的满意度	C29	2
	老年文化与社会参与 B8	30	老年大学（校）的入学率	C30	2
		31	老年社团组织数	C31	3
		32	老年人活动中心建设情况	C32	3
		33	老年居民对申报城市老年文化活动满意度	C33	3

注：摘自中国老年学学会编写的关于《中国老年人宜居（宜游）城市》的县级评价指标体系。

2. 全国各地市的实践

为推进我国老年友好型城市建设，全国老龄办选择了浙江省湖州市、山东省青岛市、黑龙江省齐齐哈尔市、辽宁省营口市鲅鱼圈区、上海市杨浦区和长宁区 6 个城市（城区）进行前期试点工作。在此基础上，部分城市也开展了老年友好型城市环境建设工作，通过出台政策、设施建设和考核目标体系等方式来创建老年友好型城市，取得了较好的实践成效。

（1）山西省晋城市

2012年，山西省晋城市被列为全国老年友好城市试点市。为建设共融、共建、共享的老年友好城市，改善老年人生活环境，提高老年人生活水平和生命质量，促进老年人与城市的和谐发展，晋城市出台了《晋城市全国老年友好城市建设及评价指标体系（试行）》（表4-2），要求全市着手推进老年友好型城市的建设工作。《晋城市全国老年友好城市建设及评价指标体系（试行）》包括建设性指标和评价性指标两部分，评价总分为100分，其中建设性指标占70%的权重，评价性指标占30%的权重，评分方法采用状态描述法，以A、B、C、D描述测评内容的状态，A为满分，B为满分的66%，C为满分的33%，D为0分。每项指标的分值确定后，经过加权汇总得出测评总分。

建设性指标体系中有明确测评指标的27项汇总表　　　　　　　　表4-2

测评项目	测评领域	测评指标
一、城市物理环境		第三产业增长率高于地区生产总值增长率
		城市建成区绿化覆盖率大于46%
		人均公园绿地大于18m²
		全年环境空气质量优良率大于85%
		区域环境噪声平均值小于60dB（A声级）
		城市生活污水集中处理率大于80%
		生活垃圾无害化处理率大于85%以上
		城市建成区每平方公里设置室外公厕不少于3个
		交通事故死亡率小于8人/万车
		城市公共消防设施达到国家标准，完好率100%
二、社会保障体系		城镇职工基本医疗保险最高支付限额不低于10万元
三、社会包容与社会参与		养老机构床位数不低于户籍老年人口的2%
		老年人入学率不低于15%
		参加文体活动的老年人比例不低于60%
		参与社会公益事业的老年人比例不低于10%
		老年社团组织注册会员不低于老年人口的5%
		每个街道（镇）、社区（村）均建有老年文体团队，每周至少活动1次

测评项目	测评领域	测评指标
四、社区服务		企业退休人员实行社会化管理率100%
		社区老年人日间照料室、老年人助餐服务点设施建有率不低于60%
		城市每个社区至少有1处老年活动室
		每千名老年人拥有老年活动室的面积为200m² 左右
		社区室外活动场所体育器材完好率不低于90%
		每3万～10万居民拥有1个社区卫生服务中心
		60岁以上老年人健康教育普及率不低于70%
		60岁以上老年人健康档案建档率不低于70%
五、社会敬老环境		虐待、不赡养老人案件发生率小于2起/万户
六、老龄工作机制		处理老年人来信来访回复率100%，办结率不低于80%

（2）浙江省桐庐县

浙江省桐庐县根据浙江省老龄委《关于开展"老年友好型城市"和"老年宜居社区"建设工作的通知》（浙老工委〔2012〕4号）（表4-3）的要求，提出完善老龄政策、健全制度、改善环境、扩大服务、形成机制，构建老年群体与其他社会群体共参与、共分享的良好人居环境和社会氛围，坚持涵盖友好设施、友好环境、友好服务和友好政策的"四友好"和公共空间和建筑无障碍化、交通出行便利化、住房设施适老化、养老服务个性化、卫生服务可及化、文化服务多样化、社会参与个性化和社会环境包容化的"八化"的基本要求和基本目标，建立健全养老社会保障制度，完善老年公共服务体系，健全社会养老服务体系。

桐庐县老年友好型城市建设评价指标体系　　　　表4-3

类型	子类型	测评指标
公共服务体系	敬老氛围	定期开展尊老敬老助老主题教育活动
	公共卫生	每3万～10万居民范围内设立1所社区卫生服务中心
		60岁以上老年人健康教育普及率和健康档案建档率不低于70%
	公共交通	路线的安排考虑到老年人常去的地方
		公交站点设有座位或遮雨篷
		公共交通工具方便老年人上下车，车上设有老年人爱心专座
		城区主要道路设有无障碍设施

58

类型	子类型	测评指标
公共服务体系	公共文化	社区文化体育设施能向老年人开放
		80%以上社区有群众业余文化活动辅导员和社会体育指导员
		每万人拥有社会体育指导员人数不少于8人
	公共安全	主要公共场所和重点部位安装电子视频监控系统
		流动人口居住登记率85%以上
		居住房屋出租登记率95%以上
老年保障制度	社会保险	基本实现职工、城乡居民社会养老保险制度全覆盖
		随工资增长、物价上涨等因素调整企业退休人员基本养老金待遇的正常机制
		城镇居民医保和新农合人均筹资标准及保障水平逐步提高,减轻老年人等参保人员的医疗费用负担
	社会救助	将符合城乡低保条件的老年人纳入低保范围,做到应保尽保
	社会福利	对低保等困难家庭中的失能(失智)老人实行养老服务补贴
		对无保障、高龄、失能(失智)等困难老年人提供养老服务
养老服务设施	社区养老	城市社区居家养老服务中心基本覆盖
		社区老年活动室及老年人助餐服务点等为老服务设施合理配置
		健全社区养老服务网络和为老服务信息系统
		居住在社区内的企业退休人员社区管理率达到85%以上
	机构养老	每百名老年人拥有的养老服务床位数达到3张以上
		其中护理型床位占比不低于40%
		地(市)级以上城市至少要有一所专业性养老护理机构
	服务队伍	建立专职的专业化养老服务队伍
		建立为老服务志愿者注册登记制度和劳务储蓄制度
工作推进机制	组织保障	基层老龄协会覆盖面达到95%以上
		每年召开两次以上专题会议
	规划措施	老年友好型城市建设工作列入年度工作要点和责任目标考核内容
		制定实施老龄事业中长期发展规划

注:根据《关于开展"老年友好型城市"和"老年宜居社区"建设工作的实施方案》(桐老办字〔2012〕8号)整理。

　　总体而言,这三个指标体系尽管内容体系与测评内容差异较大,但具体指标内容仍有部分的一致性。目前,老年友好型城市指标体系处于探索初期,各类测评指标与老年人直接相关的相对较少，且能进行直接用数据测评的指标更少，大都以主观评价为主，在一定程度上对指导老年友好型城市建设作用不够刚性。各地由于经济发展阶段不一、既有养老服务设施建设水平也各有差异，相应地测评内容也各有所侧重，这也导致了各地制定的评价指标体系普适性较差。

4.2.2 指标体系构建原则

1. 因地制宜与差异指导原则

老年友好型指标体系的构建要充分考虑各地区在不同经济发展阶段、老龄化趋势特征、城镇规模大小等的差异性，并结合各地城镇养老服务设施现状的建设情况和养老服务供给水平等多方面的现实差异，因地制宜地对各城市养老服务进行分类指导，包括养老服务设施内容和养老服务供给标准。

2. 易获得性与可测评性原则

由于现阶段城乡建设工作中对老年人关注不够，相应地涉及养老服务与养老服务设施的各类统计分析数据也相对较少。因此，考虑到如果选择的统计指标虽然很科学，但却难以取得数据资料，列在指标体系之中就不便测评，指标体系的应用范围也会受到极大的限制。因此，设定的指标，力求能从常规的统计路径获得，除少数十分重要的指标需要另作专门调查外，一般可借助统计数据进行检测，这样有利于实施与检查。

3. 动态指导与极值设定原则

老年友好型整体环境的建设是一个动态过程，指标体系中除了有反映规划目标年的静态指标，也应有实施时段的动态指标，以加强对实施过程的指导。同时，具体测评指标参考国内外同类指标数值，可通过设定最低值的测评数据，保障最基本的养老服务供给。

4.2.3 指标体系内容构建

根据人口老龄化发展趋势，结合小康社会、基本现代化的发展目标，本书从老龄化社会直接相关的角度提出了老年友好型城市的指标体系（表4-4），包括适老城市环境、基本养老服务和养老保障机制等三大类指标。其中，适老城市环境包括无障碍通行达标率、公共交通站点覆盖率、公共交通出行比例、建成区绿地率、人均公园绿地面积等反映城镇公共活动环境的指标；基本养老服务包括为老年人提供配套服务的基本公共服务设施和养老保障的每千名老年人拥有医疗卫生技术人员数、每千名老年人拥有养老床位数等能反映老年人使用城市公共服务设施、交通设施和享受养老服务的指标；养老保障机制包括城乡基本养老保险覆盖率和城乡居民基本医疗保险覆盖率等反映制度层面保障的指标。

老年友好型城市指标体系 表 4-4

评估目标	序号	分类指标		单位	推荐值
适老城市环境	1	城镇人均住房建筑面积		m²	>30
	2	人均期望寿命		岁	>80
	3	无障碍通行达标率	城市道路空间	%	100
			居住社区环境	%	100
			建筑室内环境	%	100
	4	公共交通站点覆盖率	300m 半径	%	>50
			500m 半径	%	>90
	5	公共交通出行比例		%	>30
	6	建成区绿地率		%	>15
	7	人均公园绿地面积		m²	>10
	8	环境空气质量优良率		%	>70
	9	城市敬老爱老助老氛围满意度		%	100
基本养老服务	10	每千名老人拥有医疗卫生技术人员数		人/千人	>20
	11	每千名老人占有养老床位数		张/千人	>50
	12	护理型床位占养老床位数比例		%	>40
	13	社区养老服务设施城乡覆盖率		%	>80
	14	老年大学（校）的入学率		%	>3
	15	老人免费乘公交年龄		岁	>60
	16	城镇社区老年人活动中心覆盖率		%	100
养老保障机制	17	城乡基本养老保险覆盖率		%	>92
	18	城乡居民基本医疗保险覆盖率		%	>92

注：部分指标说明如下：

1.城镇人均住房建筑面积指人均住宅建筑面积（新增指标），是指按居住人口计算的平均每人拥有的住宅建筑面积。计算公式：人均住宅建筑面积（m²/人）=住宅建筑面积/居住人口。截至 2009 年年底，中国城市人均住宅建筑面积约 30m²。而相关国家人均住宅建筑面积数值为：美国 60m²，英国和德国 38m²，法国 37m²，日本 31m²。

2. 人均期望寿命指标可以反映出一个社会生活质量的高低。根据 2012 年世界各地人均期望寿命排名来看，最高的摩纳哥为 89.68 岁，中国澳门位居第二、为 84.43 岁，亚洲的日本、新加坡分别为 83.91 和 83.75，分别位居第三和第四，中国大陆位居第 95 位，人均期望寿命为 74.84。同时，国内部分城市人均期望寿命则远高于全国平均值，如全国最高的上海市人均期望寿命达到 82.1 岁，北京市人均期望寿命已经超过 81 岁，南京市人均期望寿命则达到了 79.3 岁。

3. 无障碍通行达标率主要分为城市道路、居住社区、建筑室内三类。其中，城市道路空间无障碍通行达标率指在城市内部最宽的或贯穿城市最长的道路，或能作为一个城市标志的道路，或主商业区的道路以及有明显地方特色且车流量较大的道路上，无障碍设施的布设情况。

目标参考：根据《城市道路和建筑物无障碍设计规范》的技术要求，实现无障碍设施建设达标率 100％ 的目标。居住社区环境和建筑室内环境通行达标率根据居住区规范和建筑设计相关要求，均应达到 100%。

4. 公共交通站点覆盖率指公交服务半径的定义，公交服务半径是指公交站点发生（吸引）的所有公交乘客的出发地（目的地）与站点之间的空间步行（骑行）直线距离。根据《城市道路交通规划设计规范》的规定，公共交通车站服务面积以 300m 半径计算，不得小于城市用地面积的 50%；以 500m 半径计算，不得小于 90%（地铁以 800m 半径计算）。

5. 公共交通出行比例又称公交分担率，指城市居民出行方式中选择公共交通（包括常规公交和轨道交通）的出行量占总出行量的比率，这个指标是衡量公共交通发展、城市交通结构合理性的重要指标。目前，我国的城市公共交通分担率低于 10%，特大城市只有 20% 左右，而欧洲、日本、南美等大城市的公共交通分担率已达 40% ~ 60%。

6. 建成区绿地率指在城市建成区的园林绿地面积占建成区面积的百分比。根据《城市园林绿化评价标准》（GB 50563–2010），建成区绿地率（%）取值为 29% ~ 35%。根据《国家生态园林城市》建成区绿地率标准不小于 38%。

7. 根据《城市绿地分类标准》，人均公园绿地面积 = 公园绿地面积 / 城市人口数量（数据必须以中国城市建设统计年鉴为准）。园林城市、园林县城和园林城镇达标值均为不小于 9m²/ 人，生态市达标值为不小于 11m²/ 人。

8. 环境空气质量优良率指空气污染指数 API 小于 100 的天数占全年总天数的百分比，即空气质量指数优或良的天数占全年总天数的百分比。

9. 城市敬老爱老助老氛围满意度指城市积极倡导敬老、爱老、助老的社会氛围。

10. 每千名老人拥有医疗卫生技术人员数指每一千名老人拥有的医疗卫生技术人员数。

11. 每千名老人占有养老床位数指每一千名老人拥有的养老床位数。其中，养老床位数指的是城市各类老年养老机构拥有的养老床位总和。

12. 护理型床位占养老床位数比例指能为介助老人和介护老人提供养护、医疗、康复等养老服务的床位数占总床位数的比重。

13. 社区养老服务设施城乡覆盖率包括以老年日间照料服务中心、老年日托所、老年居家养老服务站等为代表的各种居家养老服务设施（针对特殊老年群体开办的敬老院、福利院不能包含在内）；也包括社区上门护理服务、社区提供家政服务、社区为老服务等各种居家养老服务。城乡覆盖率包括街道覆盖率和乡镇覆盖率两个方面。

14. 老年大学（校）的入学率指老年人参加老年学校的人数占申报城市老年人总人口百分比。

15. 老人免费乘公交年龄指老年人可以享受免费乘坐公交待遇的年龄起点。目前我国大部分城镇的该类指标为 70 岁，北京、青岛等城市对于老年人免费乘公交车的年龄规定，已经提前到 65 岁。

16. 城镇社区老年人活动中心覆盖率指城镇社区中老年人活动中心的百分比情况。老年人活动中心既可以是独立设置的专享型设施，也可以是与社区活动中心一体设置的共享型设施。

17. 城乡基本养老保险覆盖率指已参加城乡基本养老保险人数占城市总人口百分比。

18. 城乡居民基本医疗保险覆盖率指已参加城乡居民基本医疗养老保险的人数占城乡居民总人口百分比。

第五章

适老化城乡空间

由于生理、心理、经济能力、作息时间和生活空间的变化，老年人的出行特征将向以生活为重心转变，总体上呈现平均出行量逐步减少，出行时段集中在清晨、上午和下午三个时间段，出行方式偏重步行和公共交通等特征。因此，适老化的城乡空间是指满足老龄化社会一定比例老龄人口自主出行的空间环境，总体上将会体现出城乡生产空间减少、生活休闲空间增加和整体空间环境无障碍通行的基本特征。

5.1　老龄化趋势对城乡空间的总体影响

5.1.1　用地布局要求

强调混合用地布局方式，为老年人提供多样化的养老服务。长期以来，我国城市用地布局方式沿袭《雅典宪章》提出的功能分区的规划原则，强调将居住、商业、生产、休闲游憩等不同城市功能的用地进行适度集中布局，以减少城市功能之间的相互干扰。这种布局方式较好地发挥了同一功能区集中布局的规模效应，但也造成了具有一定相关性的功能区相互之间距离较大、联系不便的问题。虽然国内学者已经提出了用地的紧凑度和城市的多样性布局方式，但理论与实践的脱节现象仍然存在，城乡空间环境仅在部分建成区进行了适度改造或在新区建设中有所体现，大部分城市生活空间仍沿袭过去的用地布局方式。而随着老龄化程度的日益加剧，老年人的生理和心理特征均要求城市用地布局应以围绕居住生活和公共服务设施的紧凑复合利用为主。城市中居住区应充分考虑养老服务设施用地。针对老年住房的需求，城市居住用地可单独设置老年公寓用地；根据老年人口的空间分布，分市级、区级和城市社区级安排老年公共服务设施用地，如养老院、养护院、老年大学、社区日间照料中心等。

5.1.2　交通出行要求

注重适老、助老的交通空间建设，为老年人提供安全、便捷的出行环境。老年人由于身体机能下降，对城市交通空间有易于识别、控制与选择，便捷可达和可使用无障碍等特定要求。现阶段我国城市道路规划设计的出发点过于强调机动交通的快速通行，剥夺了以步行和公共交通为主要出行方式的老年人等弱势群体公平使用道路的权利。因此，未来我国面向老年人的交通组织应基于对现状交通空间的反思进行调整，应采取优先发展公共交通，不断提高公交线网密度、车站覆盖率和发车频率等措施，并通过设计适合老年人的专用公交车以及站点，方便老年人上下车，并提供良好的候车环境,保证其可达性、安全性和舒适性。同时,结合城市更新改造过程中的步行与自行车等慢行交通系统建设,考虑无障碍设施的系统化与体系化,满足老年人散步、健身、锻炼的偏好,为老年人提供安全、便捷、舒适的交通出行环境。

5.1.3 空间环境要求

通过规划引导形成整体无障碍、尺度宜人、空间可识别和能促进交往、健身等活动开展的空间环境,促进老年人参与社会生活。其中,尺度宜人实际就是适宜人的视觉与感觉的尺度,而这种尺度往往是从人的步行出发的。如人的适宜步行距离为 300 ~ 500m;在广场等开敞空间中,人适宜的视觉尺度是相互交谈 2 ~ 3m,看见对方表情要小于 10m,看见对方轮廓要小于 100m。对于老年人而言,城市空间中尺度巨大的广场、宽阔的大马路、光秃秃的草坪等不仅仅是土地资源的严重浪费,更严重挤压了与老年人生活密切相关的道路步行空间,不易于老年人参与社会活动。可识别性的空间指考虑老年人的文化背景和生活习惯,通过赋予城市空间实体不同的人文内涵,表达有针对性的场地文脉,并加强城市公共活动场所之间的空间景观连续性和差异性引导,促使公共空间与老年人居住空间之间相互渗透,通过视线连续而被老年人清晰感知,避免空间流线断裂给老年人造成无所适从的感觉,促使老年人精神焕发、兴趣盎然,满足其参与社会活动的行为心理需要。

5.2 适老化区域空间

根据国外高龄化国家的空间开发经验,随着拥有较大社会财富的老龄人群数量的增多,其庞大的消费能力会促进相关养老产业的发展。区域空间将会出现为老年人提供享受型居住服务、休闲娱乐服务、医疗保健服务等养老功能的老年人专享功能区。就功能区的类型而言,主要包括集中居住的独立型老年人生活区和具有季节阶段性的候鸟式老年人度假区,总体上这两类功能区大多选择具有优美的自然生态环境和较好的交通区位优势的地段进行开发建设。

5.2.1 独立型老年人生活区

独立型老年人生活区以美国的太阳城和中国台湾的长庚养生文化村为代表,是指主要居住人群为老年人,具有良好公共服务设施和专业化养老服务供给的居住空间。该类型一般以疗养、医疗、商业中心等养老公共服务设施为核心功能,并建设高尔夫球场、游泳池、网球场、健康俱乐部等老人体育、娱乐设施为主题的居住基地。社区作为"老人城"，一般要求所有居民必须是 55 岁以上的老人，其他具有居住权的人不能长期居住在社区内。同时，社区内的建筑完全按照老年人的需求设计，如无障碍步行道、无障碍防滑坡道，低按键、高插座设置等便于老年人使用的设计要求。社区住宅一般以低层建筑或安装有电梯的多层建筑为主，户外的公共空间要求应具有较好的空间导向性，要求通过清晰可视的标识等方式来强调空间方位感，便于老年人识别空间，为老年人出行提供安全可达的空间引导。

5.2.2　候鸟式老年人度假区

候鸟式老年人度假区目前主要在海南、云南等地的具有较好自然气候条件和良好自然环境资源的地区进行建设，一般将农业资源、旅游资源等和养老服务结合起来，老人们可以根据季节的变化选择不同的地方养老，像候鸟一样在两地或多地进行迁徙式、分时段居住。如冬季老人们可以到温暖如春的地方过冬，夏季则可以到凉爽的地方避暑。这种养老功能区的建设突破传统的就地养老，强调老年人的健康管理和多样养老服务。相关配套设施及养老服务倾向于高端化、定制化的服务，为具有一定经济基础的老年人群提供了较好的养老选择。同时，随着候鸟式老年人度假区在建设用地中比例的逐步增加，其对该地区的城镇化发展有较大影响，一方面需要城市政府提供更多的医疗、文化、体育等养老服务配套设施，另一方面也会加快该地区的年龄结构老化，带来社会整体活力下降和劳动力短缺等问题。

5.3　适老化城市空间

进入老龄阶段后，老年人在生理特征上开始逐步出现体能下降和眼睛等器官退化现象，即医学上的衰退期。生活在城市地区的老年人日常活动地由原就业工作地向居住地和城市公共空间转移，在心理特征上易产生孤独感、失落感和抑郁感，在行为特征上更喜欢在特定的地区和空间中进行习惯性的活动，如清晨、上午、下午的步行时间或老年朋友集中聚会等活动。因此，城市空间需要为老年人群融入社会提供适老化居住社区、适老化交通环境和适老化休闲空间。

5.3.1　适老化居住社区

适老化居住社区包括居住建筑适老、社区环境良好、配套设施齐全、养老服务完善等内容。其中，居住建筑适老指社区住房的建设要符合《老年人建筑设计》、《老年住宅建设标准》；建筑格局、朝向、楼层、材料和装修设计要充分考虑到老年人的生活方便和特殊需求以及家庭成员的构成；户型设计要充分考虑到老年人的健康、舒适，根据当地气候特点，做到通风良好，日照充足。社区环境良好指整洁卫生，绿化美观，环境优美，适宜老年人居住和生活。配套设施齐全指外部设施要齐全、基础设施要完备、专用设施要具备，以适应老年人居住和生活的需要，包括无障碍通行、居住建筑电梯配建、文教体卫等相关养老服务齐全。养老服务完善指物业服务、家政服务、助老服务等服务功能要完善，满足老年人的基本生活需求。同时，考虑到老龄人群期望参与一定的社会生活，应引导混合居住的社区建设方式，增加老年人与其他社会人群接触和共同生活的机会。

5.3.2　适老化交通环境

适老化交通环境指从老龄人群的生理特征、心理特征、社会特征等角度出发，考虑老年人群对公共交通的较大依赖性和无障碍使用要求，构筑多样化、便捷化、可承受的交通设施体系和出行服务，通过注重交通设施的共享化建设、交通体系供应的差异化等内容满足老年人的交通出行需求。交通设施的共享化指交通设施建设遵循"通用、无障碍"的基本原则，交通资源分配与交通组织设计充分考虑老龄群体的特殊需求，营造安全包容、独立服务、便捷易用的交通出行环境，促进老年人充分融入社会交通空间，共享交通出行服务，维护老年人的出行公平性。交通体系供应的差异化指应与不同地域的老龄化程度、社会经济发展水平、城乡特色等相结合，实行差异化的发展策略，在保障老年人基本出行权益的基础上，适应不同发展阶段的要求，进行不同地域、不同时间段的差异化交通体系适老化改造，符合该区域老年人群主要出行时间的群体性交通环境需求。

5.3.3　适老化休闲空间

适老化休闲空间指由于老年人群身体机能的衰退，其日常生活活动的行为特征和空间特征上具有特殊性，相应地对城乡空间环境建设有多样的活动场所设施、复合型的公共空间、活动场地等适老化休闲空间的要求。其中，多样的活动场所设施指符合老年人体能特征的各类设施，包括各种器械设施、文化娱乐设施等。复合型的公共活动空间指以绿化覆盖或围合较大的活动场所，可以容纳老年人开展多种集体活动的空间。适老型的活动场地指符合老年人行为特征的无障碍活动空间，如缓坡平台、塑胶场地或高绿化覆盖率的慢行空间。随着我国老年人群总量的不断增加，创造适宜老年人群生活和出行的空间环境应是愈加迫切的要求，一般宜以就近结合居住区建设为主，并在城市公园、城市广场和城市商业中心区、文化体育大型设施集中地区等公共活动空间进行重点建设，满足老年人群需求。

5.4 适老化乡村空间

在传统农业社会，老年人主要居住在以农业为主导产业和以孝文化为基础的乡村地区。其拥有丰富的个人经验和生活阅历，具有较高的社会威望和权威。同时，以多代同堂的大家族文化为基础和以宗族祠堂为中心的聚居方式给予老年人较好的养老保障，在一定程度上解决了老年人的养老问题。在改革开放后的工业化初期，早期经济发展模式采取的"离土不离乡，进厂不进城"的分散城市化与工业化模式，"村村点火，组组冒烟"，乡村劳动力虽然实现了就业转移，但没有进行相应的地域转移，养老也基本上能得到较好的解决。

在工业化和城镇化快速发展的现阶段，随着农村青壮年劳动力进城进镇务工以寻求具有较高收益的就业机会，传统乡村社会的生产方式和生活方式被打破。劳动能力不断弱化的老年人和大量儿童受到社会隐性的排挤，只能被动地留守在乡村。同时，历经多年变迁的大部分乡村宗族祠堂因年久失修而逐渐消失，乡村地区普遍缺乏公共活动场所，传统的以祠堂为中心的聚居方式也逐渐被打破。与传统农业社会相比，虽然乡村地区的居住建筑条件和物质生活水平较过去得到较大的提升，但乡村地区的老年人却不再有过去的公共活动空间和社会环境。乡村地区传统的分散居住方式也加剧了老年人的孤独感，导致乡村地区老年人自我价值认同的不断下降，老年人群的生存质量在一定程度上也有所下降，尤其是精神层面的需求不能得到满足。因此，在现阶段的乡村地区规划中应强化居家养老服务，引导互助式养老，注重村庄交往空间的营造，结合村公共服务中心提供居家养老服务，营造适合村民日常村务集体活动、兼顾老年人聚集的公共活动空间，通过具有较好通达性的交通出行环境和多种形式的乡村养老服务供给，塑造适老化的乡村空间环境。

5.4.1 建设乡村基本养老服务设施

提倡在宅养老，结合新农村建设和乡村地区基本公共服务设施的建设，配套兼顾老年人使用的各类公共活动空间，共建共享各类乡村公共服务设施。如在建设乡村文化活动设施和医疗卫生设施时，应考虑乡村老年人的需求，兼顾为老年人提供各类服务。相关各类设施的选址应尽可能位于村庄中心或交通较为便利的位置，方便老年人群的就近使用和便利可达。同时，建筑设计应充分考虑无障碍通行，建筑造型应体现地域乡土风貌特色，兼顾老年人心理认同需求。

5.4.2　便利和安全的乡村交通出行环境

乡村交通出行环境主要包括村民居住建筑与主要公共活动场地、乡村公共服务设施建筑、村庄对外交通通道之间的路径空间和附属交通设施，主要包括道路、广场、交通场站及附属设施等。适老化乡村空间应以实现乡村老人出行主要目的地的可达性与便利性为交通设施建设目标，注重无障碍设计，有条件的地区应结合公共财政能力，引导低成本交通设施的常规化运营，为老年人的出行提供交通便利性。

5.4.3　多元的养老服务供给

乡村地区老年人群的养老服务供给应以就近与分散互助式为主，并积极提倡依赖血缘、地缘关系来组织乡村留守人口提供养老服务。同时，服务供给还应兼顾老年人群的生理特征和个人差异化需求，提供多样化选择和多形式的养老服务。乡村的三无、五保老人应尽可能享受福利型的机构养老服务，自理老人应能享受村庄公共服务设施的各项基本公共服务，介助老人和介护老人应能通过乡村地区组织的自助养老服务团队提供日常家政服务，有较好经济基础的乡村地区应通过乡村集体经济的财政补贴，为老年人提供基本的养老服务补贴和低收费、便利型的日常医疗卫生服务。

5.5　适老化居住空间

适老化居住空间主要指有一定比例的符合老年人生理、心理要求的住宅建筑，配套有完善的养老服务设施的居住社区。根据老年人集中居住程度的不同，可将适老化居住社区分为混合社区和银发社区两大类（表5-1）。

适老居住社区分类

表5-1

适老居住社区分类	服务人群	居住集中程度	性质
混合社区	所有人	混合居住，包括已有社区适老化改造和配建老年住宅	共享型社区
银发社区	老人	老人集中居住	专享型社区

5.5.1　混合社区

1. 概念类型

通过对已有社区进行住宅适老化改造，或者新建社区配建老年住宅的方式，实现老年人与其他人混合居住。其中，根据混合程度的不同，又可以分为老年住宅集中型和老年住宅分散型（图5-1）。

（1）老年住宅集中型

社区内某一组团或整栋楼均为老年户型，供居住区内一定数量的老年人家庭集中居住，老年人家庭可以是单身老年户、老年夫妇户和日间需要社区照顾的有老年人家庭住户。

（2）老年住宅分散型

在一栋普通住宅中拿出若干个单元作为老年户型，与其他年龄段的人混合居住，这种居住形式为老年人住户与其他普通住户之间的密切交往提供条件。

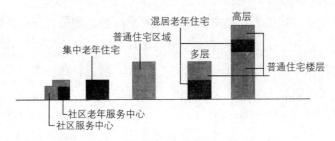

图 5-1　老年住宅集中型与分散型示意

2. 规划策略

（1）规划选址

老年住宅宜布置在居住区内采光、通风良好的地段，保证主要居室有良好的朝向，冬至日满窗日照不宜小于 2h。宜靠近绿地布局，邻近社区公共设施，如商场服务设施、活动设施、幼儿园等，不宜设置在周围环境过于空旷的地方。具体的选址中，老年住宅南侧应避免高层建筑，应尽量设置在居住社区的中心位置，与中心绿地和各类服务设施的距离控制在 100m 左右（图5-2）。

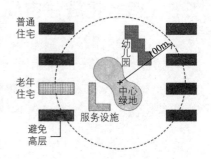

图 5-2　一般居住社区选址示意

（2）配建标准

有条件的新建小区，建议按照 30% 的比例配建老年住宅。

3. 老年住宅设计

根据老年人与子女居住的合、离关系，可以分为共居、邻居、近居和分隔居住四种类型（表5-2）。随着老年人身体机能的老化及社会角色的退出，老年人既怕成为子女及社会的负担，内心又充满对子女的依恋，既希望能与子女住在一起或很近，又希望有自己的私密空间。因此，部分共居、邻居和近居模式是社会发展的趋势，在老年住宅设计中应予以强化。

（1）部分共居模式

部分共居1：彼此都有单独的卫生间，较少干扰，方便老年人使用，可以在老年人的卫生间加设一些扶手等辅助设备。共用厨、厅、阳台等空间，可以方便互相交流与照料。

部分共居2：厨房分设，可以寻求更加适合自己的生活方式，且共用厅、阳台，可以方便互相交流与照料。

部分共居3：分厅，既可以满足不同社交群体的需求，又避免不同生活起居习惯带来的不必要的干扰性。共用大阳台，彼此可有交流与照应。

部分共居4：阳台是老年人联系外界的窗口，可以健身、晒太阳、观景、种花养草、休闲等。分为：卧、卫、厨、厅、阳台等，彼此都有一套较完整的生活起居空间，私密性较好。

（2）邻居模式

分为半邻居和完全邻居两类。

半邻居：同一户门进入，其他生活空间完全独立，私密性较好，照料也较方便。

完全邻居：毗邻而居，生活上完全独立，私密性较好；仅一墙之隔，照料较方便，彼此能常联系。

（3）近居模式

近居模式可根据距离分为两种情况，一是同楼不同楼层，即在同栋住宅里分层居住，老年人尽可能住在底层，以利于外出活动，相互间保持垂直交通联系；二是同小区不同楼栋，住宅有一点距离，在一个小区，"住得近，分得开，叫得应，常来往"。

适老居住室内空间模式 表5-2

空间组合模式		图示	布局
部分共居	部分共居1	户、厅、厨、阳台	同：户、厅、厨、阳台；分：卧、卫

空间组合模式		图示	布局
部分共居	部分共居2	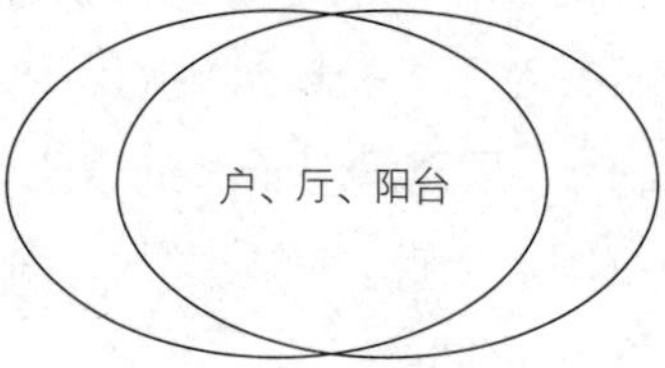 户、厅、阳台	同：户、厅、阳台； 分：卧、卫、厨
	部分共居3	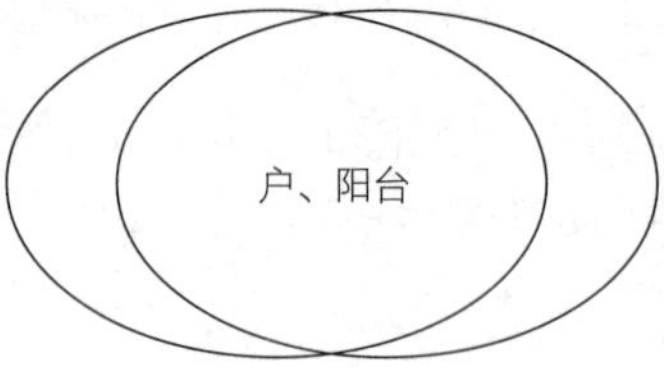 户、阳台	同：户、阳台； 分：卧、卫、厨、厅
	部分共居4	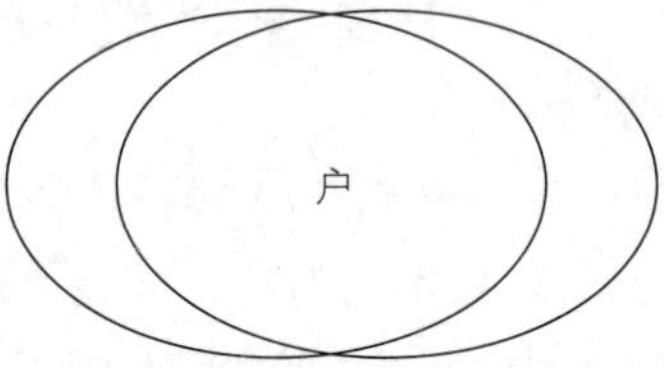 户	同：户； 分：卧、卫、厨、厅、阳台
邻居	半邻居（同一入户门）	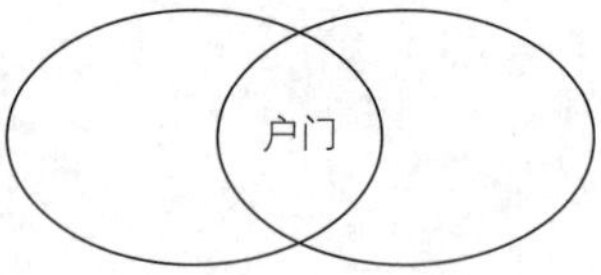 户门	同：户门； 分：卧、卫、厨、厅、阳台
	完全邻居（一墙之隔）	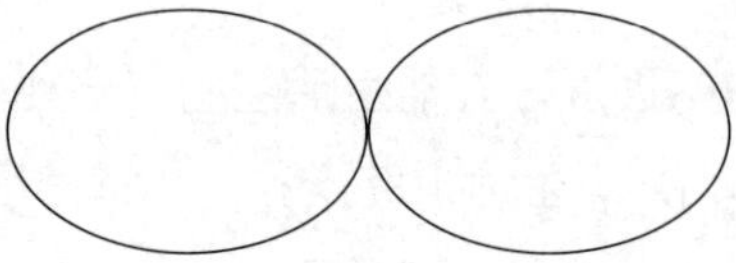	分：户、卧、卫、厨、厅、阳台
近居	同楼不同楼层（一般老人在低层，年轻人在高层）、同小区不同楼栋（亲情小区）	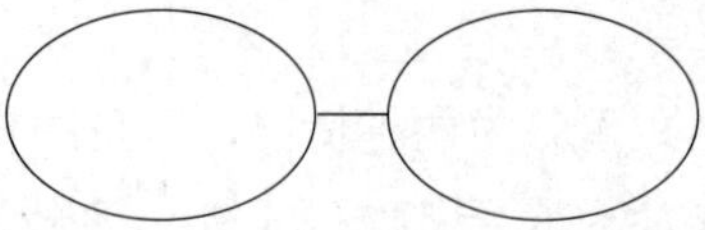	分：户、卧、卫、厨、厅、阳台

资料来源：蒋志梅．居家养老室内空间组合模式探析 [J]. 现代城市研究，2013（10）: 99-102.

（4）通用住宅设计

老年住宅的研究经历了从无障碍老龄住宅、混合的演变式住宅到适应老龄社会的通用住宅三个阶段。无障碍老龄住宅造价昂贵，并非普通收入的老年人可以独自负担。混合的演变式住宅则是在一般居住建筑里，设置几个专门供老年人居住的单元，同时在内部设有专门为老人服务的设施，老年人还是生活在正常的社会生活中，子孙可以选择住在同一栋住宅建筑或同一个小区里，这种方式较之前者具有更多的优越性。但是，两种方案的共同缺点是老年人都要离开生活多年的房子。因此，需要营造广泛适应各个年龄层的通用居住环境，建造能满足人的一生需求、满足各类人需求的住宅。这种住宅即称为"通用住宅"，它能够实现住宅的终生可利用，是老年人理想的养老居所，是所有人的一生家园。

"通用住宅"的设计理念是以"人"为中心，适应家庭结构、年龄变化以及身心状况的不同，基于公平、弹性使用的立场来考量所有人的需求，并辅以无障碍设计为基础来创造适居的生活空间。"通用住宅"的设计行为是一种预防式的设计，针对不同住户具有包容性、关怀性和适应性。

"通用住宅"的特征和设计要点是可以通过对内部单元的调整、增加或移动以适应居住，老年人、残疾人和常人均可使用。居民可以依据使用需要，自己完成一些简单的非结构性的适应性改造。住宅单元能够调整或修改而无须重建或者改变结构，房屋可以是任何形状和尺寸，外观与平常所见的住宅无二，并且能够整体建造。"通用住宅"看起来并不特殊，自然舒适的环境让老年人更乐意自立自助地居住。通过各单元空间的再组织和各部位细部的改造，老年人完全可以安心地度过健康期、轮椅使用期、卧病在床期等各个生活阶段。在一个"通用住宅"中高度灵活的设计能适应不同的需求，老年人、残疾人和其他家庭成员可以生活在一起，并使用同样的设施。

案例：美国与日本住宅通用设计概况及启示

美国对于通用住宅的探索始于 1980 年通用设计概念的提出，该概念认为任何一种用品、设备或空间环境的设计应尽量适合每一个人使用，不论未成年人、成年人、老年人以及残疾人，皆能受益。可以说通用设计思想是在无障碍设计和适应性设计的基础上发展而来的，是在无障碍设计和适应性设计的实际应用中，发现"专有化"和"特殊化"所带来的一系列问题后的反思和提高。《通用住宅设计》以通用设计思想为基础，依据《美国残疾人法》的相关规定，是服务于健康成年人、残疾人、老年人和儿童等在内的所有人的普通住宅设计标准。倡导设计的住宅和环境不带有特定性和专有性，不论年龄、体格、机能等条件的差异都可以被使用。这同我国"居家养老"所要求的住宅应能"适应人一生的居住需求"的思想是一致的。

日本对于长寿住宅的探索也做得较早。日本作为老龄化问题非常严重的国家，在住宅设计方面注重对老年群体的关怀也纳入到普通住宅设计当中。相应的住宅在日本被称为"长寿住宅"，也称"关于老年住宅的潜伏设计"或"普通居家式老年住宅"。为贯彻普及1994年推行的《关于建筑无障碍化特定建筑物的有关规定》（通称《爱心建筑法》），1995年日本制定了《应对长寿社会的住宅设计指南》，随年龄增长而出现身体机能下降或发生残疾时，确保为原住宅稍加修建仍可继续居住的住宅设计提供依据。由于住宅要适应年龄变化、机能变化，尽可能满足终生的需求，因而在住宅设计和建造时将老年人的需求考虑进去，方便老年人生活；但在建设之初不必全部做到，可以"潜伏设计"，随着年龄增长逐步实现。其核心概念与美国的通用住宅设计思想一致。

　　日本的老年住宅无论在整体规划还是在建筑设计上都具有先进性，形成这一结果的重要原因是日本通过推行《老年住宅设计指南》，在住宅设计中系统制定了老年人居住生活的设计方针。该指南从整体到细节都明确阐述了应对老龄化的住宅设计理念以及在设计中的各项措施和标准，具有很强的指导性和可操作性。同时《老年住宅设计手册》对《老年住宅设计指南》一书进行了详细解说和补充，其核心是确保老年人在身体机能下降的时候，也不会发生居住上的困难。老年住宅的设计划分为通用性设计和特定功能空间设计两个方面，前者侧重于介绍单个设计元素（如房屋规划、空间尺寸、通行性能、特殊设备设施等），而后者则是将各个设计元素组织成特定功能空间，并阐述整体的需求通过单个元素得以体现（如起居室、卧室、卫生间、厨房、阳台等）。例如，针对老年住宅以及户外空间的部分，在设计上必须确保的基本措施，包括：防止老年人因行动（水平活动、垂直活动、姿势变化以及倚靠等各种行为）而发生的跌倒、跌落；以今后需要护理为前提，确保老年人能够进行基本生活行为（在日常生活空间中进行的排泄、洗浴、梳妆、睡眠、饮食活动以及其他与之相伴的行为）。在某些事项中，除了上述必须确保的"基本标准"以外，为了使老年人在使用护理轮椅时能够更方便地进行基本生活行为，还设定了一些特别设计标准，即"推荐标准"。

　　老龄化社会的住宅不应该是一种仅仅供老年人居住的所谓"老年人住宅"，而是在广义上满足我们每个都会变老的人居住需求的所有住宅，即"适老化住宅"。因此"适老化"这一理念并不局限于老年住宅的设计，而是应该运用到所有的住宅设计中去。全社会应建立"将满足老龄化要求作为所有住宅的一项基本品质"的观念，这种观念的树立对老龄化社会居住问题的解决是至关重要的。

4. 配套政策

（1）积极鼓励混合社区发展

一是已建小区加快住宅适老化改造；二是研究制定新建小区老年住宅配建比例，并写入土地出让条件；三是对共居、近居、邻居家庭给予鼓励；四是研究制定混合社区中普通住宅置换老年住宅的操作机制。

（2）鼓励家庭混合居住

鼓励家庭采用共居、近居、邻居模式。一是研究制定满足两代人同居互助的购房政策；二是通过"以奖代补"方式对契税、房产税、物业管理费等进行补贴。

鼓励开发商提供相应的住宅。一是给予降低资本金比例，延长贷款期限，降低利息比例等信贷政策优惠；二是给予营业税等财政政策优惠；三是在项目审批用地、建设规费等方面予以优惠。

注重保障房小区的老年住宅配建。

（3）建立普通住宅与老年住宅置换机制

为了有效发挥混居小区中老年住宅的使用效率，应当建立健全普通住宅与老年住宅的置换机制。

一是允许并鼓励房屋的置换交易方式。在住房二级市场交易中，有买卖交易和置换交易两种形式，买卖交易是最普通的交易行为，而置换交易是一种特殊形式的房屋买卖，其特殊性在于它可保证买卖行为的同时进行，也就是说房屋置换服务是买和卖的双向服务，一次置换成功，相当于两次交易。置换交易一般适用于改善型住房需求，普通住宅置换老年住宅也是改善型住房需求的情况之一，因此，应当鼓励其开展房屋置换方式进行交易，避免普通买卖交易方式导致的二套房或多套房所受到的各种限制。

二是为有效延续老年人原有的邻里关系，鼓励原小区普通住宅住户在符合条件的情况下，优先购买该小区的老年住宅（包括含多代居的老年住宅）。

三是有条件地区，可以探索老年住宅的所有权、使用权和经营权相分离的模式。政府可以通过共有产权或者地价优惠的方式，对小区建成后的老年住宅拥有所有权，而经营权归小区物业所有。例如，新加坡的乐龄公寓，其出售的房屋产权一般为 30 年，之后可延长 10 年，但不可以转售，只能卖回给建设方。这种模式能保证乐龄公寓的住房价格比一般住房便宜，老年人把原有组屋卖出后入住乐龄公寓，还可剩下一部分余款颐养天年，这大大降低了门槛，使得中低收入老年人能享受老年社区的服务。

5.5.2 银发社区

1. 概念类型

银发社区指提供符合老年体能、心态特征的老年住宅,具备餐饮、清洁卫生、文化娱乐、医疗保健服务体系,具有综合管理,实现老年人集中居住的社区。社区中除了有为老人提供的居住建筑之外,还会有老年活动中心、康体中心、医疗服务中心、老年大学等各类配套设施(图5-3)。其中,根据其运营模式的不同,银发社区可以分为出售型、出租型和混合型三大类。

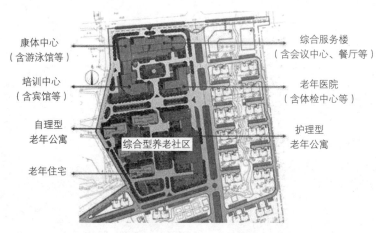

图 5-3 银发社区功能示意

(资料来源:WDG Architecture.The Heritage at Brentwood[Z])

(1)出售型银发社区

属于地产开发型老年居住社区,即通常所说的养老地产,土地由拍卖所得,经营管理也完全由市场模式运作,利用市场经济的杠杆,形成养老服务的产业化、市场化的可持续发展模式。其中,收益实现方式是一次性的住宅产品出售,投资回收期相对较短,资金压力小。但存在的弊端是,对社区的养老服务设施建设、运营和服务提供水平等往往难以保障,进而影响购买老年人的权益。

案例:昆山绿地 21 城孝贤坊

1. 设施现状

孝贤坊位于花桥国际商务城居住区核心位置,紧邻东西向主干道绿地大道呈带状分布(图5-4)。孝贤坊规划占地面积50万~100万㎡,预计入住

5000～10000户老人。孝贤坊老年社区主要定位于60～70岁、消费能力较强的自理老人。首批开发总占地面积35万m²，住宅总建筑面积约26万m²，可容纳2000多户老年住户。包括玫瑰园联排别墅区约536套联排别墅和140套电梯公寓，合欢园电梯公寓区约1900套公寓。

孝贤坊靠近沪宁高速和312国道，距上海轨交11号线延伸段的花桥站仅500m，誉为"35分钟捷达徐家汇"；并且每天50班次往返孝贤坊和上海市区的小区班车，吸引了大量的上海老年人来此购房养老。

目前，为进一步丰富老年人的生活，绿地集团还联合上海市老年大学，创立了上海老年大学绿地分校；在医疗方面，绿地集团联合上海同济医院，共同打造出全国老年特色服务大型三级综合医院——同济大学附属同济医院绿地昆山医院。

孝贤坊老年住宅的主要特征是：①长方形电梯内设有扶手、可视窗，方便老年人出入及健康监护；②访客对讲系统采用智能化7寸彩色触摸屏，不仅可实现可视对讲、家庭安防、小区信息发布、智能报警等功能，还能让老人足不出户便可了解社区老年大学每日课程、营养食堂菜谱、天气预报等消息；③各房间均有24h紧急呼救及报警按钮，包括卫生间与餐厅，一旦身体出现不适，可以及时对外呼救；④单元入口特有指纹锁门禁系统，方便进出，从而解决老年人记忆力差、忘带钥匙、IC卡无法进门等问题；⑤门洞尺寸加宽至90cm，最大限度地方便老年人出入；⑥全装修房墙角由直角改为钝角，增加缓冲空间，防止老人跌倒碰伤。

2.调研小结

据调研，孝贤坊的购房者基本上是上海人，但受户籍制度制约，这部分老年人并不能享受到昆山的医疗保险、养老保险等，增加了老年人的养老成本。另一方面，对于越来越多的上海老人在昆山购买房产并居住，昆山本地居民并不支持，因为其占用了昆山本地居民的公共设施，给财政带来了巨大压力也是不争的事实，如何破解，仍需创新制度。

图 5-4　绿地 21 城孝贤坊

（2）出租型银发社区

银发社区开发公司拥有住宅的产权，但入住的老人只有使用权，采用会员制的管理方式。其中，开发公司以产品出租的周期收益为主，以配套产品经营收益为辅，可以获取长期稳定收益，利于在经营中培养企业品牌，提高品牌影响力；但投资回收期相对较长，资金压力大。

开发公司主要以长期稳定收益获利，因此有积极改善养老服务设施和水平的动力。但目前会员制在国内推广存在着法律保障不足的问题，因为会员制有其弊端，主要体现在项目的可持续性上，一旦养老项目经营不济，破产或倒闭，不仅不能继续履行与老人之间的养老约定，老人的会费也有可能难以取回。老人购买会员卡成为会员，但只能享受到养老项目的使用权，不能拥有产权，这必然会产生风险。如果存在第三方的监管机构，养老项目的经营者可以把会费的一部分上缴到监管机构，一旦企业出现问题，监管机构可以拿这部分资金保障老人的权益，并促使一个新的经营者接管这份事业。

案例：上海亲和源

1. 设施现状

亲和源老年公寓建筑面积：72355.3m²，包含 12 栋电梯公寓，8 栋 7 层楼公寓，3 栋 9 层楼公寓，1 栋商务酒店，共 834 套公寓住宅。公寓建筑面积分为 58、72、120m² 三种户型。精装修全配置，直接拎包内住。室内外采用无障碍化设计。公寓 1 楼设有活动室，全天开启，可供老年人娱乐，内设羽毛球、康乐球、台球等。户外设有门球场地，免费提供给老年人娱乐。每栋楼与楼之间都以风雨连廊相连接。设有鲜明的标志识别系统：以色彩变换和照明强度变化等方式，提高公寓的可识别性（图 5-5）。

老年公寓的健康会所建筑面积8000m²，是目前国内规模最大，设备最先进，以健康为主题的会所。提供的服务包括健身、水疗、康复护理等。现有500多名老人在会所办理会员卡，会所不仅接待亲和源内老人，同时对外也开放。

老年公寓周边的商业街，建筑面积1450.3m²，商铺只租不卖，沿街店铺包括美容美发、饭店、超市、药店等。主要消费群体是周边小区居民、附近工人、亲和源内老人。

配餐中心建筑面积2574.6m²，分为上下2层。由专业餐饮管理公司管理，管理公司按营业额与亲和源分成。餐厅只为护理和疗养人员提供送餐服务，公寓内老人需自行前往餐厅吃饭。荤菜价格7元，素菜2.5～3.5元。

亲和源颐养院建筑面积9736.1m²，共设300余张床位。与上海市三级甲等医院对接，由专业医疗机构派出团队进行管理。颐养院共9层，1～4层为门诊部门，5层为样板间，6～9层为护理区。房间内配有独立洗手间、冰箱、电视、紧急呼叫器。

此外，亲和源度假酒店内共设74套客房，公寓式配置，酒店式管理。提供分时度假、老年旅游休闲、短期托老以及亲和源老年新生活体验等服务（表5-3、表5-4）。

亲和源会员卡缴费表　　　　表5-3

卡种	年限	户型	会员卡缴费标准	年费缴费标准
A卡	永久（可继承，可转换）	小套（58m²）	75万元	2.98万元
		中套（72m²）		3.98万元
		大套（120m²）		6.98万元
B卡	终身（15年内可退）	小套（58m²）	45万元	2.38万元
		中套（72m²）	55万元	
		大套（120m²）	88万元	
C卡	50年产权	小套（58m²）	2万元/m²	2.38万元
		中套（72m²）		
		大套（120m²）		

亲和源颐养医院床位费和护理服务费　　　　表5-4

房型	床位费	护理服务费	合计
豪华房（月·间）	4500元	5000元	9500元
包房（月·间）	3500元	4500元	8000元
3人房（月·人）	1300元	1800元	3100元
4人房（月·人）	1200元	1500元	2700元

2. 调研小结

目前，亲和源养老公寓是国内规模相对较大，功能较为完善，以提供高端、专业化服务为主的适老居住社区。其主要面向人群是具有一定经济实力，对高品质晚年生活有向往的城市老年人。从目前的入住情况来看，主要是吸引了许多上海城区的老年人以及许多具有国际背景的老年人入住。

图 5-5　上海亲和源老年公寓

（3）混合型银发社区

即出售与出租相结合模式，经营方式灵活，既可保证投资的迅速回收，又可取得长期稳定收益。

案例：北京东方太阳城

1. 设施现状

北京东方太阳城坐落于北京顺义潮白河畔，自然景观和外部环境优美，以"开退休社区之先河，立晚年幸福之标准"为目标，建筑形式包括独栋、联体别墅、点式公寓、板式公寓和连廊式公寓四种，公寓的户型单元面积从 70～230m² 不等。社区内包括了商业零售中心、短期度假公寓、旅馆、康体中心、医院、社区活动中心等多种配套设施，建成温泉疗养浴、有氧锻炼室、室内游泳馆、多功能体育场、室内跑道、体操房、保龄球馆以及康复中心等各类健身空间。与中日友好医院合作的医疗服务中心和"持续性照顾计划"，为每位业主建立了健康的跟踪档案和科学的照护体系。中心会所内建有老年大学，社区内开设有乒乓球俱乐部、太极拳俱乐部、棋牌俱乐部、钓鱼俱乐部等各种各样的俱乐部，为业主们创造相互交流的平台（图5-6）。

2. 调研小结

东方太阳城是面向老年人群的远郊大型养老项目，其主要受众是自理健康老人。从目前一期入住情况来看，由于多代共居的传统养老模式仍为主流，社区居民仍以中青年为主。但东方太阳城的适老户型设计以及丰富的老年文化休闲平台，为老年人提供了更安全、舒适的生活空间。

图5-6　北京东方太阳城

2. 规划策略

（1）规划选址

为保证老年人有安静的休息环境，基地位置应尽可能避开车辆繁忙且噪声较大的城市干道，最好邻近有成片绿地或公园等游憩设施；同时，宜靠近城市公共交通站点、医院、文体教育等公共服务设施（图5-7）。

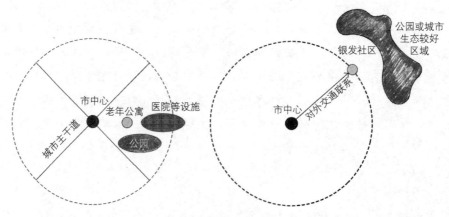

图5-7　银发社区选址示意

此外，候鸟式的银发社区，其主要特点是以气候、环境和高品质配套服务取胜，因此夏天清爽宜人适合避暑度假以及冬天温暖舒适适合抵御寒冬的城市都是候鸟式养老的最佳地区之选。

（2）空间布局

银发社区根据服务对象的定位不同，可以采用不同模式。对于普通收入老人，布局以公寓楼为主，配备相对完整的公共服务设施，如日间照料中心、医疗卫生以及文化体育等设施（图5-8）。

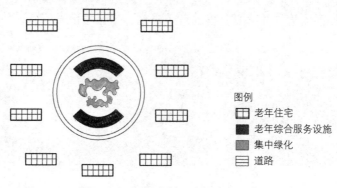

图5-8　一般银发社区空间布局示意

对于具有较高消费能力、需要定制化养老服务的老年人，对个人活动空间的私密性要求较高，因此采用以综合服务设施为核心、周边布置独栋老年住宅的布局方式（图5-9），既能满足老年人的私密性活动需要，又能便于老年人就近到社区综合服务中心进行群体活动，并且具有高品质服务配套，如远程医疗、信息化智能服务设施等。

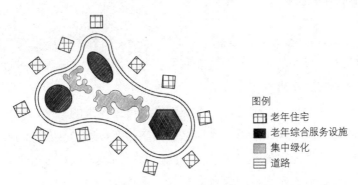

图 5-9　高档次银发社区空间布局示意

3. 配套政策

（1）引导银发社区市场化发展

银发社区是市场化发展的趋势，应当以市场规律作为主要调控依据，政府应当出台保障老年人权益的政策，一是保障出售型银发社区后续养老服务的配套运营，避免开发商打着养老地产的幌子出售商品房；二是完善出租型银发社区的法律机制，使其有法可依，增加老年人的权益保障。

（2）明确出售型银发社区养老服务设施的竣工验收及移交主体

为了有效保障出售型银发社区后续养老服务的配套运营，建议将相关的养老服务设施竣工后移交给政府所有，由政府和开发商一同进行招标，委托相应的养老服务运营商进行经营。若开发机构具有符合招标要求的养老服务运营商，予以优先考虑。同时，加强监管，并建立完善的考核机构，根据考核完成情况，予以支付费用和补贴。

（3）鼓励出租型银发社区用地多元化

由于会员制的出租模式不涉及个人产权问题，因此，其建设用地不必局限于住宅用地或商业综合用地，探索在集体建设用地、工业仓储用地等地块性质上进行开发。此外，也可以通过协议方式取得土地，减少前期拿地的开发成本，将更多的资金投入到后续养老服务的提供。

（4）加强出租型银发社区的监管

为了有效履行与老人之间的养老约定，应当成立第三方监管机构，将老年人会费的一定比例上缴到监管机构，成立养老保障基金；同时，每年对养老服务运营商进行考核，根据考核情况，将上缴的资金按一定比例逐年返回给运营商。一旦养老项目经营不济，破产或倒闭，将有监管机构启动养老保障基金，委托一个新的经营者接管这份事业。

5.5.3 指标体系

立足我国国情，"以居家为基础、社区为依托、机构为支撑"的社会养老服务体系将是近期养老模式的主要选择。随着社会养老服务体系建设的推进，中国特色的社会化养老模式，将进一步演变为"居家在宅养老为主，机构养老为补充"的养老模式。同时，参考日本、韩国等具有类似文化传统背景的国家，未来我国城乡居民主要的养老模式将逐步由家庭养老向社会养老转变，通过社会化的养老服务形成以居家（社区）养老为主的养老模式。因此，解决好以居住社区为主要养老地的老年友好型社区建设将是未来我国城乡发展的重要内容。

老年友好型社区是指在适应居家养老的趋势下，能为自理老人提供养老居住、医疗卫生、文化娱乐等养老服务的居住社区。老年友好型社区建设应涵盖居住舒适、设施完善、活动便捷与和谐安康等四个方面（表5-5）。其中，居住舒适包括适宜老年人的住房、科技应用、环境绿化等；设施完善包括老年活动设施、生活照料、医疗康复护理、精神心理抚慰等；活动便捷包括社区内无障碍通道、交通出行便捷程度和公共绿地建设情况等；和谐安康包括社区公共安全、社会治安和智能化应急系统建设情况等。

老年友好型（混合）社区指标体系 表5-5

评估目标	序号	分类指标	单位	推荐值
居住舒适	1	人均住房建筑面积	m²	30
	2	老年住宅户型比例	%	30
	3	居住空间日照达标率	%	100
	4	电梯配建率	%	100
设施完善	5	老人人均社区日间照料中心建筑面积	m²	0.3
	6	每千名老人拥有生活照料服务人员数	人/千人	20
	7	每千名老人拥有医疗卫生技术人员数	人/千人	10
	8	每千名老人拥有社区床位数	张/千人	30
活动便捷	9	道路和建筑物无障碍设施达标率	%	100
	10	距公共交通站点可达性距离	m	200
	11	人均公共绿地面积	m²	2

评估目标	序号	分类指标	单位	推荐值
和谐安康	12	公共安全覆盖率	%	100
	13	社区治安犯罪率	%	0
	14	智能化系统普及率	%	80

注：1. 老年住宅户型比例：指居住社区中能满足老年人居住生活需要的老年住宅户型套数比例，一般与社会中老年人数量比重呈正比例关联。

2. 道路和建筑物无障碍设施达标率：指在城市内部的主干路、次干路、主要支路等市政道路上，以及城市居住建筑、公共建筑等主要生活性建筑内，无障碍设施布设达到国家规范要求的情况。

3. 社区治安犯罪率：指社区内犯罪者与人口总数对比计算的比率，是犯罪密度的相对指标之一，犯罪统计的重要内容。

4. 智能化系统普及率：以建筑为平台，能满足老年人紧急呼叫通信、电器开关自动化等功能，为老年人提供舒适、便利和安全等方面的设施服务目标。同时，这也是一个发展中的概念，它随着科学技术的进步和人们对其功能要求的变化而不断更新、补充内容。

5.6 适老化交通空间

5.6.1 建设目标

适老化的交通空间建设以实现无障碍交通空间为老与交通标识系统助老、提升老年人出行和参与社会活动的兴趣为主要目标。

1. 无障碍交通空间为老

无障碍交通空间为老指交通空间环境打造应充分考虑老年人的需求和使用特性，兼顾便捷性与易用性，确保整体交通空间环境的无障碍化，提高老年人独立完成基本出行活动的能力，促进老年人参与社会活动。

2. 交通标识系统助老

根据老年人功能的衰退情况以及获得信息的不同方式，老年交通标识一般分为视觉标识、听觉标识以及为轮椅使用者设计的标识，从类型上也包括能通过触觉、听觉以及视觉等功能向老年人传达明确信息的标识系统。因此，交通标识系统设置应通过清晰与便于理解的交通标牌，为老年人交通出行提供指示明确的路径指引，并通过简洁与可视化的交通信息指示平台，为老年人提供及时准确的日常出行信息。

5.6.2　交通要素分析

根据老年人的交通出行需求特性，适老化的交通设施构建应着重抓住四个方面的要素，即无障碍的交通空间、舒适可达的公共交通、安全宜老的慢行设施以及其他交通环境要素。

1. 无障碍的交通空间

主要包括道路、广场、交通场站及附属设施等满足城乡交通运行需求的动态交通空间；公共与配建停车场（库）、路侧停车泊位等满足机动车与非机动车停放需求的静态交通空间；居住、公建等建筑物内部满足人员流动需求的楼宇交通空间。各类交通空间的无障碍设计应力求做到点、线、面三位一体，实现从起点到终点整个出行过程的系统无障碍。

2. 清晰可视的交通标识系统

主要包括文字标识、图形标识、图文标识和触知示意标识等类型，要求交通标识系统的完善性、展示位置的可视性、标识尺寸和高度的整体性和统一性、标识物形式与颜色的地域传统文化特性等（图 5-10）。其中，文字标识在设计时应使用大字体，字体的位置要准确，字要清晰，要跟背景有足够的对比度，以让视力有障碍的老年人看得更清楚。图形标识应通过加强标识视觉冲击力，让老年人找到信息。图文标识在设计时应选取较亮的图文标识与较暗的背景，通过形成鲜明的对比度增加识别性。触知示意标识是专门针对视力有障碍的老年人使用的代表性标识，但如果仅靠盲文或者指尖的触感来感知空间是非常困难的，所以应当适当配上声音介绍等手段予以结合。

图 5-10　老年交通标识系统

5.6.3 规划设计指引

根据适老化交通体系的相关要素分析，从无障碍交通空间、交通标识系统两个方面，对适老化交通设施布局提出指引和要求，具体如表5-6所示。

适老化交通设施布局指引一览表 表5-6

相关要素	适老化交通设施建设环节	布局指引与建设要求
无障碍交通空间	动态交通空间	新建城市道路与桥梁、城市广场与公园绿地、人行道路、居住区道路、公交车站及其他交通场站等设施的无障碍达标率达到100%，已建相应设施的无障碍改造达标率不低于70%。 新建乡村内部干路、中心广场与公园、城乡公交车站及其他交通场站等设施的无障碍达标率达到100%，已建相应设施的无障碍改造达标率不低于70%
	静态交通空间	公共停车场（库）：城市Ⅰ类公共停车场（库）的无障碍机动车泊位数应不少于总量的2%；Ⅱ类与Ⅲ类公共停车场（库）的无障碍机动车泊位数应不少于总量的2%，且不少于2个；Ⅳ类公共停车场（库）的无障碍机动车泊位数应不少于1个。 配建停车场（库）：城市广场、公园绿地、居住区、体育场馆及其他公共建筑配建停车场（库）的无障碍机动车泊位数应符合《无障碍设计规范》（GB 50763—2012）的相关要求
	楼宇交通空间	已建及新建的养（为）老服务设施类建筑无障碍（改造）达标率达到100%。 新建居住区、居住建筑与公共建筑的无障碍设施达标率达到100%，已建相应建筑的无障碍设施改造达标率不低于70%。 对外开放的历史文物保护建筑应根据实际情况进行无障碍设施建设与改造，满足老年人及其他特殊游客的参观需求
交通标识系统	公共建筑空间	城市公共空间或建筑内部设置完整的交通引导标志系统，包括无障碍标志，并充分考虑老年人的辨识和理解能力
	公共交通空间	便于老年人瞬间识别，而且图形、内容、安装的位置都需要可视

5.6.4 配套政策

1. 制定出台无障碍空间和交通标识系统的管理措施

一方面，通过加强规划编制、管理促进适老化交通空间建设，重视适老化交通相关内容和要求的落实，监督规划实施的有效性。另一方面，通过加强交通管理促进适老化交通空间环境建设。

2. 确保建设资金

通过资金补助等方式鼓励适老化交通空间环境改造和建设，设立适老化交通专项建设基金，专款专用，将慢行通道、交通标志牌等交通空间要素等纳入年度交通工程项目，每年拟定若干改造或建设项目，逐步完善适老化交通空间建设。

5.7 适老公共开敞空间

5.7.1 概念与类型

适老公共开敞空间指能为老年人使用的共享性公共空间，以无障碍通行和便于老年人就近活动为特征的，具有一定健身活动设施和自然、生态或人文内涵基础，富有景观特色的地段或区域。按照公共开敞空间的主要功能可以分为城市公园绿地、广场空间、公共街道空间（含各类商业空间、公共设施建筑群空间）。

5.7.2 规划设计指引

1. 安全舒适

对老年人而言，科学、合理的城市公共空间环境设计的核心内容是安全性。即以安全性为中心，在确保安全的基础上为老年人提供适宜的公共开敞空间环境（图 5-11）。尤其是公共开敞空间的出入口、道路、铺装场地、周围园林建筑的设计，一定要遵循安全的基本原则，要针对老年人的身体状况进行设计。同时，由于老年人的体力衰退，在行路、登高、坐立等方面都与精力充沛的年轻人不同。因此，适宜老年人的城市环境设计的铺装场地和道路要平坦，且铺装材料应防止过滑或结露。

图 5-11 适老公共开敞空间示意图

2. 就近方便

进入公共开敞空间活动的老年人多为居住在附近的老人，距离活动场地的远近是影响老年人利用城市户外环境设施的重要因素。因此，在公共开敞空间规划中应该充分重视老年人居住场所与活动场地的就近布局问题，宜于老年人的到达。同时，城市中公共活动空间环境布局应与城市交通规划相协调，城市公园、城市广场、开放性城市绿地、商业步行街环境中的环境设施附近均应有公交车站点停靠，以便于抵达。

3. 动静结合

老年人群在城市户外环境中的活动有动静之分，相应地其活动环境应分成动态活动区和静态活动区。动态活动区以方便老年人开展健身活动为主，包括各种球类、武术、跳舞、慢跑、散步等活动，在活动区外围应有树荫及休息场地，如亭、廊、花架、坐凳等，以利于老年人活动后休息。静态活动区主要供老年人晒太阳、下棋、聊天、观望、学习、打桥牌等，可利用树荫、亭廊、花架等，应保证夏季有足够的遮阴，冬季有充足的阳光。动态活动区与静态活动区应有适当的距离，但静态区最好能观望到动态区的活动，以使两处的活动有互动、交流的效果。

4. 老幼相宜

在老年人活动场地附近可增加一些儿童活动设施，便于老年人在照看小孩的同时进行其他活动，以活跃气氛。虽然老年人和少年儿童的活动内容、行为特征有着很大的差异，有不同的活动要求，但是两者紧密靠近布置可以增强老年人的活力，儿童天真活泼的稚气和童趣可使老年人消除衰老感、孤独感。同时，老年人有爱幼心理，通过与儿童多种形式的接触，情感交流，对儿童智力发展以及道德品格的熏陶有很大影响。

5. 意境丰富

在公共开敞空间中应鼓励设置一些有助于激发老年人生命激情的景观环境，通过景物引发联想，唤起老人的活力或引发其美好的遐想，调剂心情。一些有特点的建筑、建筑上的匾额对联、景石、碑刻、雕塑、建筑小品、植物等，只要构思巧妙的设计都可以获得较好的效果。如植物中老茎生花的紫荆、深秋红叶的红枫、果实累累的柿树以及青松、翠竹等都可以激发老人们的遐想，提高其精神面貌的活力。

5.7.3　配套政策

1. 加快适老公共开敞空间的活动场所和便利化设施建设

将老年人的活动空间纳入广场、公园、绿地的各级规划设计中，利用公园、绿地、广场等公共空间开辟老年人运动健身场所。同时，加快推进无障碍设施建设，促使现有与老年人日常生活密切相关的公共空间无障碍改造步伐。

2. 完善涉老公共空间建设技术标准体系和实施监督制度

按照适应老龄化的要求，对现行公园绿地、城市公园、街道广场等公共开敞空间设施工程建设技术标准和规范进行全面梳理、审定、修订和完善，在规划、设计、施工、监理、验收等各个环节加强技术标准的实施与监督，形成有效、规范的约束机制。

第六章

养老服务设施体系

6.1 养老服务设施体系内涵

6.1.1 现状概况

1. 概念内涵模糊

由于历史的原因，以及不同部门出台的规范标准不统一，我国养老服务设施的概念和分类体系较为复杂，养老服务设施体系内涵尚未界定清晰，分类具有较大的随意性。目前，相关规范中对养老服务设施体系各有各的分类方式（表6-1），此外，不同学者又提出更多的分类方法，胡仁禄等（2000年）认为我国养老服务设施可按服务功能分为托老所（站）、老年公寓、养老院、护理院、安怀院等五种类型；贺文（2005年）认为我国老龄设施体系分为社会养老模式和居家养老模式两大类；万邦伟等（1993年）则认为可以分为运动—健身型、娱乐—情趣型、文化—教育型、社团—交往型四类。

相关规范中的养老服务设施体系 表 6-1

规范名称	设施体系
城镇老年人设施规划规范（GB 50437—2007）	老年公寓、养老院、老人护理院、老年学校、老年活动中心、老年服务中心（站）、托老所
老年人居住建筑设计标准（GB/T 50340—2003）	老年人住宅、老年人公寓、养老院、护理院、托老所
老年人社会福利机构基本规范（MZ 2008—2001）	老年社会福利院、养老院或老人院、老年公寓、护老院、护养院、敬老院、托老所、老年人服务中心
城市居住区规划设计规范（GB 50180—93，2002 年版）	养老院、护理院、托老所、老年人服务中心、老年文化活动中心（站）

2. 多重属性并存

养老服务设施之所以尚未有统一的分类方法，根本原因在于其具有多重属性。第一，养老服务设施是准公共产品，具有有限的非排他性，通常采取政府和市场共同承担的方式，因此有公办与民营之分；第二，根据养老模式的不同，养老服务设施有社区居家养老服务设施和机构养老服务设施之分；第三，根据服务对象身体状况的不同，养老服务设施具有自理、介助、介护之分；第四，根据所隶属部门的不同，养老服务设施有民政部门和卫生部门之分；第五，根据服务半径的不同，养老服务设施有空间层级属性，分为市级、镇级、居住区（街道）级、居住小区（村）级等。

正是如此多维度的属性叠加，导致了各地养老服务设施建设中的概念模糊、名称繁杂、定位不清晰等问题。更为重要的是，当下习惯于从空间属性着手的养老服务设施规划，往往会忽视养老服务设施的其他属性，将引发系列问题，进而影响到规划的可实施性和有效性。因此，在养老服务设施体系构建的同时，应尽可能地实现多重属性的统一。

6.1.2 内涵界定

1. 养老服务设施要素构成

参考民政部发布的《社会养老服务体系建设规划（2011—2015年）》，并根据未来养老模式的发展趋势，构建以"适应养老模式转变、提升老人生活质量"为目标，形成由养老服务设施与为老服务设施两大类组成的养老服务设施体系（图6-1）。其中，养老服务设施是解决老年人居住生活与日常照料的各类硬件设施的总称，包括机构养老服务设施和社区养老服务设施；为老服务设施是指为满足老年人精神生活和文化游憩生活等需求的设施，包括医疗设施、教育设施、文体设施、交通设施和游憩设施。

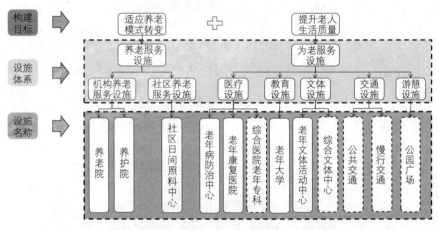

图 6-1　养老服务设施体系要素构成示意图

注：设施名称中，实线表示老年人"专享型设施"，虚线为"共享型设施"。

2. 构建与养老模式相符的设施体系

养老服务设施多重属性并存是导致对养老服务设施认识概念模糊、分类随意、定位不清等问题的主要原因，因此，需要以新的社会养老模式为基础，重新构建养老服务设施的分类定位体系，实现多重属性的相互统一。根据"以居家养老为基础，社区服务为依托，机构养老为补充"的养老服务模式的要求，相应将养老服务设施主要分为机构养老服务设施和社区养老服务设施，其中，机构养老服务设施主要指养老院（包括福利院、敬老院）和养护院；社区养老服务设施主要包括日间照料中心（表6-2）。从服务对象角度分析，机构养老服务设施的主要服务对象定位为失能老人、半失能老人以及长期需要照料的老人；社区养老服务设施的主要服务对象定位为自理老人、半自理老人以及短期需要照料的老人。同时，从空间层级角度分析，机构养老服务设施是县（市、区）、镇（街道）两级；社区养老服务设施是社区（村）级。可见，此养老服务设施的分类与定位，能够有效地将养老模式、服务对象、空间层级等属性实现统一。最后，通过制定符合市场规律的养老服务设施公办、民营发展政策，实现公平竞争、同等发展（图6-2）。

养老服务设施分类及功能定位　　　　　　　　　　　　　　表6-2

养老模式	设施类型	内涵及功能配套	服务对象	空间层级
机构养老	养老院（含福利院、敬老院）	专为接待老年人安度晚年而设置的社会养老服务机构，设有起居生活、文化娱乐、医疗保健等多项服务设施	为失能老人、半失能老人和需长期照料老人提供介助和介护服务	县（市、区）—镇（街道）
	养护院	为无自理能力的老年人提供居住、医疗、保健、康复和护理的配套服务设施。在我国，养护院一般为当地卫生局批准，并在当地民政局登记的医疗类养老护理机构		
居家养老	日间照料中心	为以生活不能完全自理、日常生活需要一定照料的半失能老人为主的日托老年人提供膳食供应、个人照顾、保健康复、娱乐和交通接送等日间服务的设施	为自理老人、半自理老人和需短期照料老人提供自理和介助服务	社区（村）
	农村互助式养老服务中心	与农村综合服务社区一并建设		

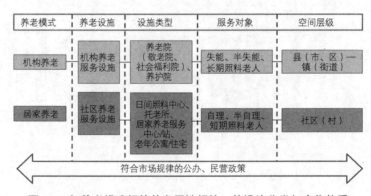

图6-2　与养老模式相符的多属性相统一的设施分类与定位体系

6.2　养老服务设施

6.2.1　机构养老服务设施

1. 概念内涵

常见的机构养老服务设施有养老院、敬老院、护老院、老年社会福利院、（老人）

护理院、护养院、护老院等，可谓名称繁杂；并且存在着"相同设施叫法不同，同名设施功能各异"等问题（表6-3）。

相关规范中的机构养老服务设施名称 表6-3

规范名称	设施名称
城镇老年人设施规划规范（GB 50437—2007）	养老院（含社会福利院的老人部、护老院、护养院）、老人护理院
老年人居住建筑设计标准（GB/T 50340—2003）	养老院、护理院
老年人社会福利机构基本规范（MZ 2008—2001）	老年社会福利院、养老院或老人院、护老院、护养院、敬老院
城市居住区规划设计规范（GB 50180—93，2002年版）	养老院、护理院

机构养老服务设施之所以名称繁杂，有其历史原因。中国的机构养老兴起于1950年代后期，农村为敬老院，集中供养五保户；城市为社会福利院，收养城市中的三无老人，因此，至今许多名称都带有"福利"色彩，然而随着民办养老机构的逐渐兴起，为了与政府保障的福利性养老机构有所区别，在名称上逐渐有所变化。而且，机构养老服务设施分别受民政、卫生和建设部门管理，不同部门颁布的规范、标准难免有所不同。

关于机构养老服务设施的类型名称，恐怕并非是一时能够统一的，或许也并不需要统一；然而，随着养老模式从家庭养老转向社会养老，以及鼓励民营化的发展，对机构养老服务设施的内涵和定位提出了新的要求，应当形成一些新的共识。

一是养老服务内容呈现护理化趋势。《社会养老服务体系建设"十二五"规划》提出了构建"以居家为基础、社区为依托、机构为支撑"的社会养老服务体系，要求机构养老服务设施应重点解决失能、半失能老人的养老问题。其实，欧美与我国香港地区主要根据老年人自理程度来划分养老服务设施类型，分类管理，使得不同健康状况的老人可以得到最合适的照顾；并且与卫生、医疗部门合作，增加护理型床位的比重，平均能够达到33%，香港地区护理院数量占安老院舍数量达到61%（杨建军，2011）。二是养老服务设施作为准公共产品，具有有限的非排他性，通常采取政府和市场共同分担的原则。目前，我国鼓励社会力量兴办养老机构，因此要求在保证兜底功能的前提下，推进公办养老机构运营机制改革，以创新机制，增强活力，这必将对以往以"福利"色彩为主的养老机构运营管理模式产生质的影响。

面对养老模式的改变，机构养老服务设施应定位于重点解决失能、半失能老人的养老问题；并在优先保障孤老优抚对象、三无五保及低收入的高龄、独居、失能等养老困难老年人的服务需求的情况下，允许向社会开放。

据此，以服务对象作为分类依据，将机构养老服务设施分为两大类，即养老院和养护院。其中，养老院主要为自理老人、半失能老人提供自理和介助服务；养护院主要为失能老人、半失能老人提供介助和介护服务。养老院和养护院都在优先保障福利性养老需求的情况下，向社会开放。

2.运营模式

根据运营模式的不同，机构养老服务设施（包括养老院和养护院）可以分为公办福利型、民办非营利型和营利型三种。

（1）公办福利型养老机构

公办福利型养老机构由政府出资开办，其服务性质完全为公益型，通常首先面向低收入阶层老年人，向其提供无偿、低偿的供养服务。

目前，各国大多设有此类公办福利型养老机构，依据不同国家的福利制度，公办福利型养老机构的服务内容亦存在一定差异。在瑞典等高福利制度国家，公办养老机构较为普遍，70岁以上的老年人都能够申请集中居住在以两居室的小户型为主的公寓房中，楼内设餐厅、小卖部、门诊室等服务设施，并有专人提供24h医疗和照料服务。在澳大利亚，公办福利型养老机构主要面向由于疾病失去自理能力、亲人丧亡、紧急情况等原因，在家庭中得不到帮助、生活料理困难的老年人，对入住此类养老机构的老年人收入设有上限门槛。在我国，公办养老机构以提供托底型服务为主，主要收养"三无"、低保、特困等低收入老年人。

案例：昆山市福利院

1.设施现状

昆山社会福利院又名银桂山庄，位于马鞍山风景区，占地80亩，建筑面积2万 m²，绿化面积3万多 m²。福利院依山傍水，环境幽静，布局合理，交通便捷，共有300张床位。

全院现有职工145人，其中一线医护人员占到职工总数的78.62%，达到114人。福利院共有5个护理区域：老人收养区、老人寄养区、特级护理区、婴幼儿收养区、残疾儿童收养区。护理区设有康复室、治疗室、医护办公室、多功能活动厅、阅览室、棋牌室、露天健身区等。房间内有卫浴设备、空调、彩电、电话、呼叫器等（图6-3）。

2.调研小结

昆山社会福利院地处玉山脚下，生态环境较好，与中心城区交通便捷，老年人生活十分便捷舒适。此外，福利院充分考虑了老年人的生理和心理特

征，其各类设施的设计均根据老年人的实际需求进行配置和改造，充分体现了以人为本的人文关怀。

　　当前，限制社会福利院发展的最主要问题是人才的缺乏和规模的限制。一方面，护理人员严重紧缺，尤其是具备一定经验的医护人员配比较低，大多数专业医生、护士不愿意在福利院工作，使得福利院在应对老年人健康突发情况时存在隐患；另一方面，目前福利院入住率已达饱和，存在一床难求现象。

图 6-3　昆山市福利院

（2）民办非营利型养老机构

　　此类养老机构主要面向社会上的广大老人，住户需要缴纳一定费用入住，但其收费标准不能超过绝大多数老人的经济承受能力和支付水平，收入所得要按照相关规定，用于章程规定的事业，不得用于分红。

　　此类养老机构往往由民间社会团体、宗教组织、企业、个人兴办，政府对其提供部分资金支持或补贴。例如，在美国和加拿大非营利机构和组织资产的发展是私人和政府的双重投入（政策优惠和政府资金扶持），非营利养老机构自主运营，政府向其购买服务，并采取税收优惠、经费补贴政策予以扶持。政府承担老人的居住、培训、助餐、文化活动、家务等开支，政府一般指定不同的社会服务机构提供服务。在日本，企业和非营利组织根据老年人不同群体、不同需求建设的公益性养老服务设施能够提供短期居住、长期居住、疗养、健康恢复等多项服务类型，65岁以上老人在需要时，可使用社会医疗保险入住这些设施。

案例：南京下关区社会福利院

1. 设施现状

下关社会福利院是南京市民政局直属的为老年人及残疾人提供生活、医疗、护理、康复、娱乐服务的社会福利事业单位。设有老年公寓、康寿楼、颐养楼、益智楼等四个服务区，床位300余张，医疗康复及后勤保障设施齐全。对在院的各类休养人员实行分级分类服务。

福利院为公办民营型社会福利院，介护老人月收费约在3000元，全院现有职工150余人。其中有高、中、初级职称的卫技人员30余名，第一线的护理人员全都取得护理培训上岗证书（图6-4）。

2. 调研小结

下关社会福利院地处市区，硬件条件相对较好，各类设施较为齐全。

但由于用地规模受限，福利院下一步发展扩容存在问题。当前福利院入住率较高，已出现一床难求的现象。同时，由于福利院地处城区，其外部环境特别是自然生态景观较差，不利于老年人身心愉悦，老人与社会的隔绝感较强。

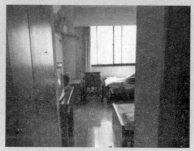

图6-4　南京下关区社会福利院

（3）营利型养老机构

此类机构属于营利型的企业组织，可以追求利益最大化的目标，通常作为养老产业的重要组成部分。

营利型养老机构主要针对具有较高支付能力，对生活环境与养老服务有特殊需求的老年人群体。在日本，为满足中产阶层老年人对于生活质量的要求，以及认知障碍等特殊群体的个别需求，一些企业投资建设了多种类型的商业养老院，包括：看护型养老院，主要供身体不便和患病老人入住；住宅型养老院，供身体状况正常的老人居住；健康型养老院，类似面向老年人入住的宾馆。入住者缴纳的费用与其所需看护程度等相联系。

案例：南京市玄武门社区老年养护院

1. 设施现状

南京市玄武门社区老年康复护理院是经民政局、卫生局批准，从事医疗、康复、关怀系列服务的营利性医疗机构。玄武门社区老年康复护理院地处南京市中心地段，在鼓楼市民广场附近，在闹中取静的北极阁山下，交通方便。医院设门诊部（玄武区天山路社区卫生服务站）及住院部（老年康复护理院）。社区卫生服务站设备齐全，是集医疗、康复、保健、健康教育、计划免疫、计划生育为一体的国家医疗卫生机构，是医保定点医疗机构；住院部可根据老年人的情况进行养老、保健、康复、治疗和身心关怀。

康复休养区总面积为 1551m^2，全为标准二人间和三人间，房间内有 5m^2 大小的卫生间，卫生间有浴霸取暖、热水器供热水，卫生间还设有紧急呼叫设备，房间内有空调、彩电（有线电视）、沙发椅、个人大橱柜，每个人床头都有电话可直接与家人联系，房间为地板地，备有综合医院的床头呼叫系统；老年康复护理病房每层都有护理站、治疗室；各楼层间有一部医用电梯相连接。老年康复护理院还设有健康教育室、阅览室、休闲棋牌室等设施。

玄武门社区老年养护院为民办民营型，前身为部队外设医院，其主要对象是省级机关、国企、事业单位的离退休介护老人，收费标准约在 3000 元 / 月（图 6-5）。

2. 调研小结

经过走访，玄武门社区老年养护院主要有以下优点：①位于台城花园旁，环境优美，交通便利，老年人生活较为便捷和舒适；②部队医院的前身以及医院式的管理形式使其具有较为完善的医护功能，软件、硬件条件较好，能够满足介护老人的特殊生理、心理需求。

其缺点主要包括：①床位数较少（仅108张床位），目前养护院规模已无法满足市场需求，存在大量老年人排队等候入住的现象；②收费较高，对于普通家庭收入的老年人而言经济负担较重。

图6-5　南京市玄武门社区老年养护院

3. 现状概况

（1）建设逐步加速

截至2013年年末，全国共有养老服务机构4.3万个，床位474.6万张，收留抚养各类人员294.3万人。从类型上看，到2011年年末，城市养老服务机构有5616个，床位63万张，收养老年人38.8万人；农村养老服务机构32140个，床位242.1万张，收养老年人192.5万人；光荣院1389个，床位8.1万张，收养老年人5.3万人（图6-6）。

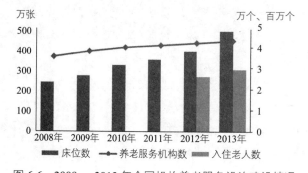

图6-6　2008～2013年全国机构养老服务设施建设情况

（2）供给结构失衡

供给结构失衡的主要表现是护理型床位短缺。如前文所述，由于最初机构养老服务设施建设都是公办福利性质的，优先对三无老人、五保老人提供服务需求，由来已久的做法导致机构养老服务设施提供的介助和介护服务比例低，相应的养老服务设施建设滞后，而这种既有的"路径依赖"将对我国确定的"以机构养老为支撑"的养老模式能否有效形成，提出了严峻的挑战。以昆山为例，2011年年底，全市15所机构养老服务设施，入住失能老人155位，仅占全市失能老人的4.9%；所提供的所有服务中，介助服务占17.6%，介护服务仅占16.7%，而自理服务则高达66.7%（图6-7）。相对应地，全市主要养老机构的床位构成中，自理床位占73.98%、介助床位占16.13%、介护床位只占9.89%（图6-8）。

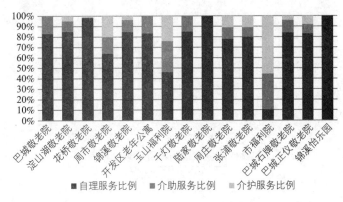

图 6-7　昆山市主要养老机构服务比例构成（2011 年）

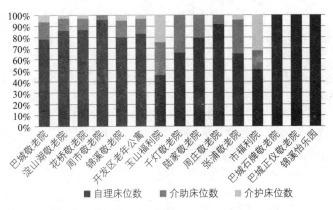

图 6-8　昆山市主要养老机构床位构成（2011 年）

值得思考的是，若机构养老服务设施大幅度提升护理型床位比例，是否有相应的护理服务队伍为保障。昆山市养老护理人员工资普遍较低，年平均工资约为2.8万元，但养老护理人员工作辛苦、责任重、社会地位不高且有看护风险，直接制约了养老护理员队伍的建设，导致养老护理人员无论是从数量上还是质量上都严重不足。护理人员的不足，也直接制约养老机构可接纳的老人数，例如，市福利院入住的老人多为失能老人，现有护理人员工作已基本饱和，虽然机构入住率只有47.33%，但却难以接纳更多的老年人入住。同时，医护服务是机构养老服务不可或缺的组成部分，然而养老机构中医疗设施和医护人员短缺是各个城市不争的事实，昆山市2011年共有332名护理人员，然而医生只有13名，护士11名，其余的主要是护工（保姆）。究其原因，养老机构属于民政部门，对于医护人员而言，其在职业发展、工资待遇、自我实现等方面与卫生部门有较大的差距。

4. 建设标准

机构养老服务设施的建设内容包括房屋建筑及建筑设备、场地和基本装备。其中，房屋建筑包括老年人用房、行政办公用房和附属用房，老年人用房又包括老年人入住服务、生活、卫生保健、康复、娱乐和社会工作用房；场地则主要包括室外活动场、停车场、衣物晾晒场等。并且建筑密度不应大于30%，容积率不宜大于0.8；绿地率和停车场的用地面积不应低于当地城市规划要求；室外活动、衣物晾晒等用地不宜小于 $400 \sim 600m^2$（表6-4）。

机构养老服务设施建设要求一览表　　　　　　　　　　　　表 6-4

类型	面向人群	服务内容	配建指标	内部设施建设标准
养老院	自理老人、介助老人	生活起居、餐饮服务、文化娱乐、医疗保健、健身及室外活动场地、兴趣培训等	床位数：>100床；建筑面积：>30m²/床	居住用房建筑面积：>17m²/床；医疗保健用房建筑面积：>1.5m²/床；文体教用房建筑面积：>1.2m²/床
养护院	介护老人	医疗保健、康复护理、生活护理、餐饮服务等	床位数：>100床；建筑面积：>35m²/床	居住用房建筑面积：>20m²/床；医疗保健用房建筑面积：>2m²/床；康复护理用房建筑面积：>1m²/床；文体教用房建筑面积：>1.2m²/床

注：1. 据有关数据推测，到2015年我国60岁以上老年人口将达到2.16亿，年均增加800多万老年人口，80岁以上高龄老人将达到2400万，年均增加100万；《中国老龄事业发展"十二五"规划》以及各地"十二五"规划相继提出，到"十二五"末要达到每千名老人平均拥有的养老床位30张的发展目标。为顺应快速老龄化的发展趋势以及各地提出的较高发展目标，按照充分发挥资源配置规模效应和确保服务质量的原则，本研究提出建设规模在100床以上的设置要求。2020年之后，随着老龄化水平的稳定增长以及小型养护设施的普及推广，这一建设规模标准可以降低。

2. 目前全国现状养老院单床建筑面积多为 30 ~ 35m² 之间，参照《老年养护院建设标准》（建标144-2010）、《城镇老年人设施规划规范》（GB 50437-2007）、《老年人居住建筑设计标准》（GB/T 50340）相应标准，从床位使用的合理性和经济合理性出发，提出床位应满足老年人的基本需求。

3. 参照《老年养护院建设标准》（建标144-2010）、《老年人居住建筑设计标准》（GB/T 50340）相应标准，提出各类用房的建设标准，其中养老院应注重文体教用房建设；养护院应注重医疗保健和康复护理用房的建设。

5. 规划策略

（1）规划选址原则

与居住社区临近，就近服务，方便老人就近享受设施，便于家人上门看护。

与民生设施临近，共享服务。享受医疗设施与文体设施的就近服务；享受公园绿地的就近服务；享受便利的公共交通服务；与幼儿园、小学邻居，享受天伦之乐。

远离污染型项目，安全养老，避免与工业区、交通干道临近。

（2）分级分类布局

为了使规模效益和服务半径有效地结合，规划宜分级设置机构养老服务设施。例如，《老年养护院建设标准》第十条将老年养护院的建设规模，按床位数量分为500、400、300、200、100 床五级。例如，昆山市按照设施床位数规模大小的区别，规划"市级—片区级—街道（镇）级"三级机构养老服务设施体系（表6-5）。

机构养老服务设施分级别配置标准一览表　　　　　　　　表6-5

级别	名称	规模	服务对象	配置要求
市级	福利院或敬老院	大型设施	三无老人、五保、低收入家庭老年人	床位数：>1000 床 建筑面积：>30000m²
	养老院		社会老年人	
	养护院		介护老人	
片区级	福利院或敬老院	中型设施	三无老人、五保、低收入家庭老年人	床位数：>500 床 建筑面积：>20000m²
	养老院		社会老年人	
	养护院		介护老人	
街道（镇）级	养老院	中小型设施	社会老年人	床位数：>300 床 建筑面积：>10000m²
	养护院		介护老人	

同时，可以因地制宜地将机构养老服务设施分类布置。例如，昆山市结合《昆山市城市总体规划》（2010—2030 年）所确定的市域片区分区以及中心城区居住用地规划方案，分别对中心城区集聚发展片区、水乡古镇旅游发展片区以及阳澄湖休闲度假片区进行分片差异化发展，利用南部水乡和北部阳澄湖生态条件，在巴城、锦溪等乡镇适当建设高端候鸟式养老机构与养老服务设施，服务于上海、苏州等周边城市人群；利用花桥的区位优势，发展大型养老社区，助推养老地产及其他银发产业发展。

（3）空间分析支撑

规划宜采用 GIS 多因子叠加分析方法，为养老服务设施选址和评价提供技术支撑。以社区（村）为基本单元，将土地利用现状数据、规划管理数据（医院、小学、幼儿园、公园绿地等公共设施及居住用地）、现状老年人口空间分布数据（总量与密度）、公交及轨道交通站点 500m 覆盖半径信息、现有养老服务设施空间覆盖信息等予以叠加，分析输出适合规划选址养老服务设施的区域（图 6-9）。

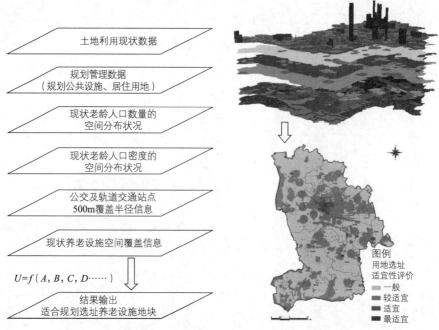

图 6-9　昆山养老服务设施选址用地适宜性评价

注：此分析方法对机构和社区养老服务设施皆适用，只是评价因子及权重不同。

6. 配套政策

（1）以多样化土地供应保障机构养老服务设施用地

新建机构养老服务设施用地，应根据城乡规划布局要求，统筹考虑，分期分阶段纳入国有建设用地供应计划。探索多样化的土地供应方式：①经养老主管部门认定的非营利性机构养老服务设施，可采取划拨方式供地。②营利性机构养老服务设施用地，应当以租赁、出让等有偿方式供应，原则上以租赁方式为主。土地出让（租赁）计划公布后，同一宗用地有两个或者两个以上意向用地者的，应当以招标、拍卖或者挂牌方式供地。③非营利性机构养老服务设施可以依法使用农民集体所有的土地。

（2）打破行政分割实施区域统筹福利养老

目前各地普遍的做法是将三无老人、五保老人由所在地各镇（区）负责养老，易导致行政岗位重复设置，人力资源浪费；并且五保老人特殊的生活习惯不利于与社会寄养老人的混居。经调查，目前许多社会老人不愿意进入"敬老院"养老。因此，打破各地行政分割，如将"一镇一院"封闭式办院转变为区域性中心敬老院模式，将全市各镇的三无老人和五保老人统筹集中安排在区域性中心敬老院。中心敬老院由市财政统一补贴，实现设施资源和人力资源充分有效利用，降低财政压力，并可逐步呈现规模效应。同时，其余养老院则对社会老人完全开放，进行市场化运营。

（3）弱化公办民营政策差异来推广市场化养老服务

在实现福利养老区域统筹之后，对于其他养老机构，不管是规划新建的养老机构，还是已建的养老机构，均通过一定途径交由民营机构实行企业化运营，其中，对于新建的养老机构，政府划拨土地，并采取 PPP 或 BOT 的模式进行建设运营；对于已建的公办养老机构，通过公开的招标投标实现由合格的民间机构运营。至此，政府可以实施统一的管理和激励政策，符合市场运行规律，实现公办与民营公平竞争、同等发展（图 6-10）。

需特别指出的是，若由于财政压力或其他原因，采用区域统筹福利养老方式不适合的地区，建议实行商业性养老指标与福利性养老质量相挂钩的机制，即由权威部门对养老机构所提供的福利性养老服务的数量和质量进行评估，根据评估结果，给予商业性养老服务的指标数。这样，养老机构的公办与民营差异尽可能弱化，有利于政府实施统一的政策；同时，政府投入的主要是土地和前期运营的财政补贴，从而减少了财政压力，并能够保证政府财政补贴到最需要的对象，使有限的养老资源得以充分发挥作用。

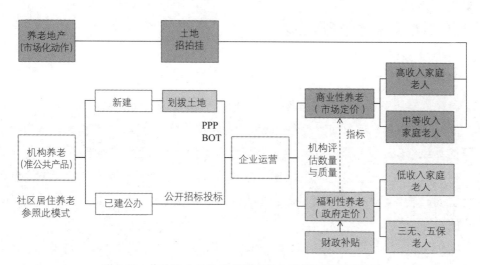

图 6-10　作为准公共产品的养老服务设施运营模式示意

（4）税费优惠政策

对养老院提供的育养服务免征营业税，对老年服务机构自用的房产、土地免征房产税及城镇土地使用税；免交城市建设和房屋建设的行政事业性收费（证照费除外），养老服务机构用水、用电、用燃气按居民生活类价格收费，免收民办非企业登记的养老服务机构固定电话、有线（数字）电视、宽带互联网等一次性接入费，减半收取有线（数字）电视的基本收视维护费和固定电话的月租费等。

（5）医疗服务政策

支持机构养老服务设施开展医疗卫生服务，其内设医疗机构经卫生行政部门审核批准后，可纳入基本医疗保障定点范围，其收住老年人中的参保人员在机构内所发生的医疗费用，按照基本医疗保障的有关规定办理。

同时，探索建立异地养老医疗保障制度，方便老年人异地就医。

（6）金融扶持政策

鼓励和引导金融机构在风险可控和商业可持续的前提下，适当放宽贷款条件，简化手续，并创新金融产品和服务方式，增加对机构养老服务设施建设项目的信贷投入。符合下岗失业人员小额（担保）贷款条件的个人（或合伙）兴办养老服务机构可按相关规定享受小额担保贷款（贴息）优惠政策，符合条件的养老服务机构还可按规定享受劳动密集型小企业贷款贴息优惠政策。

（7）风险分担机制

依法明确和规范养老服务机构与服务对象的权利与义务，鼓励商业保险企业对养老服务机构设立意外责任险，建立风险分担机制，保障老年人的合法权益，降低养老服务机构的运营风险。

6.2.2　社区养老服务设施

1. 概念内涵

社区养老服务是居家养老服务的重要支撑，具有社区日间照料和居家养老支持两类功能，主要面向家庭日间暂时无人或者无力照护的社区老年人提供服务。城市社区主要类型为老年人日间照料中心，乡村地区主要类型为农村互助式养老服务中心。

日间照料中心：为以生活不能完全自理、日常生活需要一定照料的半失能老年人为主的日托老年人提供膳食供应、个人照顾、保健康复、娱乐和交通接送等日间服务的设施。

农村互助式养老服务中心：以建制村和较大的自然村为基点，依托村民自治和集体经济，向留守老年人及其他有需要的老年人提供日间照料、短期托养、配餐等服务。

2. 现状概况

（1）建设迅速

2011年年末，全国共有社区服务中心1.4万个，社区服务站4.9万个；2012年年末，全国共有社区服务中心1.6万个，社区服务站7.2万个；2013年年末，全国共有社区服务中心 1.9 万个，社区服务站 10.3 万个。

（2）可持续的资金投入机制尚未建立

目前，各地的日间照料中心建设运营以政府投入为主，但仅靠政府投入的单一资金来源，无法满足日间照料中心的持续运转。目前，许多城市的日间照料中心都遭遇了"资金"瓶颈；同时，也难以对养老服务质量改善形成有效的激励机制，不符合市场运作规律。

案例：农村互助幸福院面临保障资金不足、发展项目单一的挑战

河北省肥乡县前屯村在 2008 年建立了第一家农村互助幸福院，在全国率先探索实施"集体建院、集中居住、自我保障、互助服务"的养老新模式，走出了一条符合农村实际、具有当地特色的低成本"精神养老"之路。"村级主办"是由村委会利用集体资金、闲置房产或租用农户闲置房产设施，村集体量力而行地承担水、电、暖等日常运转费用。"互助服务"是由子女申请、老人自愿入住，衣、食、医由本人和子女保障。院内老人年轻的照顾年老的，身体好的照顾身体弱的，互相帮助、互相服务，共同生活。

然而，这"农村低成本养老模式"的成功探索也面临着保障资金不足、发展项目单一等问题。

在资金方面，单就河北省发展互助幸福院而言，农村独居老人的数量不断增多，对互助养老服务设施的需求量也越来越大，以目前互助幸福院的资金筹措方式来看，村集体注资以及依靠社会力量支持的资金筹措方式并不具有绝对稳定性，可能会出现资金链"断缺"的情况，而目前国家层面还没有启动互助养老专项资金，省级政府财政支持也只能保证基础设施建设，未来随着互助幸福院规模的逐渐扩大，互助养老需求的不断增加，互助养老产业的出现，还需要多资金渠道给力，注资主体的缺失不利于农村互助养老模式的发展，没有稳定的资金链支持，互助养老模式路难久远。

在发展项目方面，养老服务项目、内容及服务形式都比较单一。由于受发展资金限制，有的地方只注重基础建设以及政府资金的投放，忽视了多元化模式的建设；只注重农村老人的物质层面的需求，忽视了其精神文化生活层面的渴望。这些做法不利于农村互助养老模式的可持续发展。

（3）养老服务人员短缺且流动性大

目前，日间照料中心服务人员主要由管理人员、受聘人员和志愿者组成。一方面，志愿者队伍缺口大，由于我国还没有建立完善、健全的志愿者激励和培训机制，志愿者在养老服务中发挥的作用还比较小；同时，志愿者的专业知识不足，有的志愿者没有接受一定专业的训练，无法为老年人提供专业服务，不能满足养老服务的要求。另一方面，受聘人员由于服务工作繁琐、劳累，且收入低等方面的因素，导致人员流动性强，人员流失现象严重。

（4）模式单一，难以满足多样化的养老需求

由于我国日间照料中心建设刚刚起步，目前以补缺型为主，同时受自上而下的建设模式所限，模式单一，设施建设水平和完善程度有待提升，难以满足不同老年人群的养老需求。应当按照市场规律，政府主要保障中低收入老人的日常养老需求，可以将更高标准档次的服务由民营资本提供。

3. 建设标准

社区老年人日间照料中心建设规模应以社区居住人口数量为主要依据，兼顾服务半径确定。参考《社区老年人日间照料中心建设标准》（建标143-2010），社区老年人日间照料中心建设规模分为三类，其房屋建筑面积指标宜符合表6-6的规定。人口老龄化水平较高的社区，可根据实际需要适当增加建筑面积，一、二、三类社区老年人日间照料中心房屋建筑面积可分别按老年人人均房屋建筑面积0.26、0.32、$0.39m^2$核定。

社区老年人日间照料中心房屋建筑面积指标表　　　　　　　表6-6

类别	社区人口规模（人）	建筑面积（m²）
一类	30000 ~ 50000	1600
二类	15000 ~ 30000（不含）	1085
三类	10000 ~ 15000（不含）	750

注：平均使用面积系数按0.65计算。

社区老年人日间照料中心房屋建筑应根据实际需要，合理设置老年人的生活服务、保健康复、娱乐及辅助用房。其中：老年人生活服务用房可包括休息室、沐浴间（含理发室）和餐厅（含配餐间）；老年人保健康复用房可包括医疗保健室、康复训练室和心理疏导室；老年人娱乐用房可包括阅览室（含书画室）、网络室和多功能活动室；辅助用房可包括办公室、厨房、洗衣房、公共卫生间和其他用房（含库房等）。社区老年人日间照料中心各类用房使用面积所占比例参照表6-7确定。

社区老年人日间照料中心各类用房使用面积所占比例表 表 6-7

用房名称		使用面积所占比例（%）		
		一类	二类	三类
老年人用房	生活服务用房	43.0	39.3	35.7
	保健康复用房	11.9	16.2	20.3
	娱乐用房	18.3	16.2	15.5
辅助用房		26.8	28.3	28.5
合计		100.0	100.0	100.0

注：表中所列各项功能用房使用面积所占比例为参考值，各地可根据实际业务需要在总建筑面积范围内适当调整。

4. 规划策略

（1）新老城区差异化配置

根据新、老城区老年人群空间分布特征和增长趋势进行养老服务设施布局，采用不同配置指标和建设要求实现均等化养老服务。

老城区（老年人口密集）可以适当减少单个设施配置规模（如标准的70%），采取增加设施密度的办法满足需求。

新城区（老龄化程度稍低）配建标准可适当提高，并可预留设施用地，或作老年文化娱乐用房，今后可再利用为日间照料中心用地。

（2）新老社区差异化落实

已建社区宜挖掘整合闲置资源，利用闲置幼儿园、社区用房等改造为日间照料中心；社区用房不足的情况下，可以考虑通过收购底层相连的几套住宅，改造为日间照料中心。

新建社区配建标准取值可以按照高值进行控制，并以控规预控落实养老配套设施，写入土地出让设计要点。

（3）整合资源，综合利用（图 6-11）

整合闲置资源。利用闲置幼儿园、社区用房等增加日间照料中心、托老所。

养老服务设施共享。鼓励与养老院、养护院等机构养老服务设施共享部分资源及服务（如餐厅、活动室）。

设施临近布置。将社区居家养老服务设施与其他公共服务设施集中布局，例如将日间照料中心与医院、社区卫生服务中心、文体活动中心等邻近布置。

设施合并设置。农村互助式养老服务中心宜与农村综合服务社区合并设置。

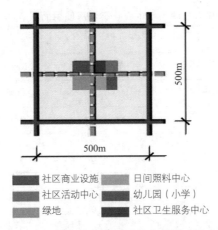

图6-11　社区养老服务设施布局模式示意

5. 配套政策

（1）鼓励社会力量运营社区养老服务设施

积极推进公建民营、民办公助、政府购买服务等多种社会养老服务发展模式。探索推进公办的社区养老服务设施实行服务功能外包或公建民营，培育发展专业化的养老服务经营管理机构。建立并逐步完善民办公助建设补贴、运营补贴机制。大力推进政府购买服务的方式，通过招标遴选专业服务组织为经过评估的服务对象提供日间照料服务。鼓励社会力量投资兴办以社区为基础，不同档次的日间照料中心，提供社区日间照料服务。

（2）建立以奖代补、分类施补的政府补贴制度

建立社区养老服务设施的运行经费补贴制度。按照收住对象的不同，实施分类的供养标准补助费；并且引入绩效评估机制，通过"以奖代补"的形式给予适当补贴。

（3）完善养老志愿服务机制

健全志愿者服务及补偿机制，使志愿者服务经常化、制度化、规范化。

一是建立"劳务储蓄"制度，鼓励低龄健康老年人为高龄老年人服务。二是探索"义工银行"自助互助服务途径和义工服务时间储备制度，推动志愿者为老服务的普遍开展，促进中青年志愿者为老年人服务。三是政府提供一定的财政补贴购买社会服务。

（4）构建"虚拟养老服务团队"

全面建立"虚拟养老院"的服务模式，整合社会上的有利资源，实现养老服务团队的社会化与共享化。通过规范服务方式和内容，提升服务水平和服务平台科技含量，努力拓宽服务范围。以网络通信平台和服务系统为支撑，采用政府引导、企业运作、专业服务人员服务和社会志愿者、义工服务，社区服务相结合的方式，以

社区服务信息网络平台、通过发放社区居家养老服务券、开设关爱老人道德银行、成立社会工作室、开展关爱老人公益服务等新型服务形式，实现居家养老社会化，为全市老年人提供服务。

（5）扶持完善农村社会互助养老模式

通过"村级主办、互助服务、群众参与、政府支持"促进农村地区互助式社区养老服务中心建设。

一是应加强农村互助养老的法制建设。由于农村互助养老模式得到政府和社会各界认可的时间并不长，所以相关法律尚未出台或并不完善。建立农村互助养老模式需遵循"立法先行"的原则和规律。一方面要完善农村互助养老相关立法。以法律的形式来确立农村互助养老在国家和社会经济生活当中所处的地位，既是农村互助养老模式得以顺利推行的必要前提，也是广大农村老人基本权益的重要保障。另一方面要强化农村互助养老的法律监督机制。农村互助养老保障资金的运营与管理是否规范，是互助养老可持续发展的源泉。

二是加强政府在农村互助养老中的引导作用。政府和相关行政部门制定和完善更多支农、惠农政策及法律法规，充分、合理地利用好农村的工业及商业用地，引导乡镇、村集体实体经济的发展和壮大，为互助养老的基层资金提供保障。政府可通过土地、税收等优惠政策，鼓励和吸引更多民间资本进入养老领域，引导更多有一定发展规模的企业或具有公益慈善意愿的优秀企业家注资。各级政府要将农村互助养老资金列入财政预算，在资金上予以支持，逐步建立和完善市、县两级财政，并建立福彩公益金投入机制。

6.3　为老服务设施

为老服务设施指为老年人使用，提供医疗卫生、教育学习、文体活动、交通出行和公共游憩等功能的专享或共享型公共服务设施。主要包括老年医疗卫生设施、老年教育设施、老年文体设施、老年交通设施、老年游憩设施等。

6.3.1　老年医疗卫生设施

1. 概念内涵

老年康复医院：为老年病导致的失能老人提供功能康复训练的专科医院。

老年护理医院：为不能自理的老年病人提供护理医疗的专科医院。

老年病医院：为老年常见病、慢性病治疗提供预防和治疗综合为一体的医疗机构的医院。

综合医院老年科：根据综合医院的专长设置相应的老年病科室。

社区老年护理点：在社区医院开展老年人医疗、护理、卫生保健、健康监测等服务。

2. 现状概况

（1）老年医疗服务机构数量少，设施条件差

老年医疗服务机构数量短缺。例如上海市老年护理床位的需求约为 2.07 万张，目前上海市 62 家老年护理机构实际开放床位仅 10342 张，缺口约达 1 万张。从相对数来看，2010 年 60 以上老年人口占到总户籍人口的 22.54%，65 岁以上老年人口占户籍人口的 15.78%，但专业的老年护理机构仅占所有医疗机构的 2.79%，老年护理床位数仅占到所有床位数的 3.36%。而根据国内外案例和老年医疗床位的周转使用情况，老年人的医疗床位和费用占比远远高于人口的占比。相对于医疗系统整体设施而言，上海老年医疗机构设施数量偏少，设备相对较差。老年护理床位数占到所有床位数的 3.36%，但其设施建筑面积占卫生总建筑面积的 1.12%。

（2）老年服务机构之间缺乏有效的衔接

目前，我国的养老服务由民政部门组织实施，医疗保健服务由卫生部门组织实施，两个部门职能存在着交叉，也存在着职能空隙，无法进行有效的对接，且长期照料服务没有明确的部门组织实施。即使在卫生系统内部，综合医院、老年病医院、社区卫生服务机构、老年护理院的老人就医标准和机构之间的转诊流程标准，各类机构都各自为政，没有形成完整、统一的服务体系。

由于老年人多为慢性疾病，且养老服务不能使用医保账户，因此大量的老年人长期挤占医疗床位，导致老年医疗床位周转率相当低，床位使用效率低，出现了所谓的老年人"赖床"现象。有些老年患者可以出院却拒绝出院，原因是大医院里有专业的医护人员，还能享受医保报销，远远强过养老机构。例如，根据上海政协公布的一份建议案，目前大约有 20% ~ 30% 的住院老人并不需要医疗服务，他们所需要的是保健、康复或机构养老服务。

（3）缺乏有效的疾病防控和评估机构

老年医疗服务是一个系统性工程，除疾病治疗外，还应包括预防、护理、生活照料、康复以及心理慰藉等多个方面的内容。针对目前老年人以非传染慢性疾病为主、发病高龄化趋势明显等特点，应当建立老年人健康监护体系。但目前老年医疗体系内缺乏一个明确的保健评估标准，不能根据老年人的不同情况进行分级、分流

管理。老年医院、老年护理院、社区卫生服务中心、家庭病床之间的界限不清、职责不明。

3. 建设标准

老年医疗卫生设施配置标准如表6-8所示。

老年医疗卫生设施配置标准 表6-8

设施类型	设施分级	配置标准	规模	设施配置内容	占地类型
老年专科医院（老年康复医院、老年护理院、老年病医院）	独立医院	根据城市不同需求进行布置，原则上每个大城市不少于1所	床位数宜在150张以上	根据不同老年人的需求提供老年康复、护理和老年病治疗的专科医院	独立占地
综合医院老年专科	医院科室	二级及以上综合医院宜设立老年病科	床位数宜在50张以上	根据医院的专长设置相应的老年病科室	共享占地（综合医院）
社区老年护理点		社区医院应具备老年医疗保健服务设施	床位数宜在10张以上	开展老年人医疗、护理、卫生保健、健康监测等服务	共享占地（社区卫生服务中心）

4. 规划策略

（1）分级布局，实现层次全覆盖

分级布局，按"独立医院—医院科室"二级体系布置。其中，独立医院为老年专科医院，包括老年康复医院、老年护理院以及老年病医院等，按市级或片区级进行布置；医院科室包括综合医院老年专科和社区老年护理点，分别以综合医院和社区卫生服务中心的科室进行布置。

（2）专享占地和共享占地结合，灵活布局

老年医疗设施分"专享型和共享型"两类，其中老年专科医院为专享型设施，宜独立占地；综合医院老年专科、社区老年护理点则与相应的医疗设施结合布置，进行共享布局，综合医院老年专科布置在综合医院中，社区老年护理点布置在社区卫生服务中心中。

（3）考虑服务范围，满足各级需求

考虑不同老年医疗服务设施的服务半径，老年病专科医院服务市级或片区级，服务半径宜在5000m左右，综合医院老年专科服务片区级，服务半径宜在3000m左右，社区老年护理点服务社区级，服务半径宜在1000～2000m（图6-12）。

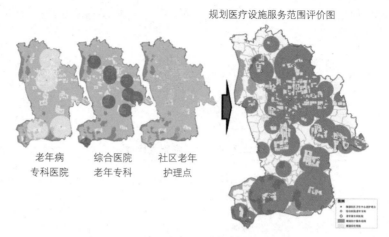

规划医疗设施服务范围评价图

老年病
专科医院

综合医院
老年专科

社区老年
护理点

图 6-12　昆山市老年医疗设施服务范围示意

5. 配套政策

（1）统筹协调相关政府部门，建立一体化的老年医疗护理体系

目前，我国的老年医疗服务体系涉及多个政府部门，包括卫生、民政、医保等部门，特别是卫生和民政部门之间的职能交叉和职能空隙，更导致了医疗床位缺乏、医疗与护理脱节等情况的发生。建立统一有效的老年医疗体系，必须衔接这两个部门的相关职能。除了在社会保险制度上的对接之外，衔接这两个部门职能还可以在以下方面加强措施：①统一规划和管理养老和老年护理设施，鼓励政府和民间机构在规划建设老年设施的时候，形成连片辐射、连锁经营、统一管理的服务模式，将老年医疗等各种功能统一在老年设施片区之内。②在行政体制尚未变革的情况下，两部门协同其他相关部门应经常性地对养老和老年护理规划进行统一协调、会议沟通。

（2）建立老年医疗评估体系，实现分级需求控制

借鉴欧美及澳大利亚的老年医疗体系中的老年医疗评估制度，组建第三方"老年康复质量评估机构"，对申请进入老年护理机构的老人进行入院评估。根据老年人的年龄、所患疾病的种类及老年人的收入状况，进行分级、分流，保证真正需要住院护理的老人的需求，鼓励老人接受社区服务。虽然养老体系中也存在着医疗评估体系，但该评估主体为行业主管部门和医疗机构本身，这种由仲裁者或者当事者自行组织的评估方式，很难保证评估的公正、公平性。前者是行业主管部门，很难有精力、有时间对繁杂的老年医疗需求个体作细致的评估测定，后者存在护理供方的利益驱动，两者均不适合作为评估者。因此，建议建立一个由行业主管单位授权的专业第三方作为评估机构，利用已有的人力和设备资源，也可以采取招标的形式，"政府推动、市场运作"，授权具备同等资格的中介机构开展老年康复等级评估。在医疗需求评估的基础之上，结合电子健康档案等信息化手段，建立老年人健康数据

管理中心，对老年人的健康档案和诊疗信息进行动态管理，全程监控老年人的就诊过程和检查治疗情况，在老年医疗供给和需求之间达到相对的平衡，既保证满足老年人的医疗服务需求，又节约医疗资源，降低医疗费用，促进老年医疗服务供给的可持续发展。

（3）健全完善的老年医疗护理保障体系，开展多渠道筹资

国际经验表明，看护（或养护）保险制度是应对老龄化社会的重要手段，看护保险可以使长期住院的老人居家养老，降低社会医疗保险费用支出。在许多国家，看护（或养护）保险制度与养老保险制度、医疗保险制度共同构成应对老龄社会的三大基本制度安排，如日本的"介护保险制度"和美国的医疗照顾计划。

我国目前涉及养老和老年医疗方面的保险仅限于普通的医疗保险，面对日益增多的老年保健、康复或机构养老服务需求（社会医疗保险和商业医疗保险均不负担医疗护理费用），许多老人选择长期住院，将护理费用转嫁到医疗保险中。因此，建议建立一套由政府、企业和个人共同负担的老年护理保险，商业保险公司推出商业性的老年护理保险产品；政府对此类保险业务给予税收上的优惠，对相关的护理产业在市场准入、业务开办等方面给予必要的便利和扶持。针对贫困老年人，可考虑优先建立老年护理救助制度，护理服务可由政府出资向医疗机构和民间机构购买。

在资金筹措方面，老年医疗的资金不仅局限于医保基金，还应争取比如财政专项资金、第三方社会捐助等医保以外的资金，开展多渠道筹资。

（4）发展老年保健，开展老年疾病预防工作

广泛开展老年健康教育，普及保健知识，提高老年人运动健身和心理健康意识。注重对老年人的精神关怀和心理慰藉，提供心理干预服务，针对老年人易发的心理疾病和心理问题开展专业咨询辅导工作，重点关注高龄、空巢、患病等老年人的心理健康状况。鼓励为老年人家庭成员提供专项培训和支持，充分发挥家庭成员的精神关爱和心理保健作用。

开展老年疾病防控知识的宣传和老年常见病、慢性病的综合干预，做好老年多发病研究工作，提供疾病预防、心理和精神健康、自我保健及伤害预防、自救等健康指导，促进老年人疾病早发现、早诊断和早治疗。

6.3.2　老年教育设施

1.概念内涵

老年大学：提供全方位的、综合性的，包括专业技术、文化艺术等老年教育内容，成为终身教育体系的组成部分。

老年学校：提供文化艺术等学习内容，满足老年人的精神需求。

老年进修班：提供娱乐休闲、学习场所，满足老年人的文化交往需求。

2. 现状概况

（1）设施建设加快，但缺口依然明显

国家重视保障老年人的受教育权利，加大投入，积极扶持，推动老年教育事业迅速发展，努力实现"县县有老年大学"的目标，并逐步向社区、乡镇延伸。近几年发展迅速，2005年年底，中国的老年大学（学校）已发展到2.6万多所，在校学员230多万人；到2013年年底，我国约有4.4万多所老年大学（学校），在校学员约500万人，电视和网络老年大学学员约220多万人。但总体上还是满足不了快速老龄化的需求。

（2）资金压力凸显

目前老年大学基本属于公益性机构，学费较低，其经费来源主要依靠政府投入。高校的老年大学由高校拨款，但总体上财政经费依然紧张。一些高校为节省开支，校内50%的教师承担着60%的教学课程。随着办学规模的逐渐扩大，老年大学的发展还需要得到社会的关注和支持。

（3）区域发展极不平衡

我国的老年教育发展极不平衡。比如华东地区的老年大学数量占全国数量的66.2%，而其他五大区域加起来也只占全国数量的33.8%。特别是农村、老、少、边地区的老年教育困难多、难度大，未来老年教育的资源配置要向这些地区倾斜。

3. 建设标准

老年教育设施配置标准如表6-9所示。

老年教育设施配置标准　　　　　　　　　　　　　　　　　表6-9

设施名称	设施分级	配置标准	可容纳人数（人）	占地类型
老年大学	市级	1所或若干所（老年大学）	2500	独立占地
	县（市、区）级	按每个区县各1所设置（宜为市级老年大学分校）	800	独立占地或共享(公共活动中心)
老年学校	街道（乡镇）级	按每街道1所、乡镇各设1所	300	共享（公共活动中心）
老年进修班	社区（村）级	按每社区、每村1所	100	共享（公共活动中心）

4. 规划策略

（1）分级布局，实现层次全覆盖

按"市—县（市、区）—街道（乡镇）—社区（村）"四级体系布局。其中，市级老年教育设施为市老年大学，每市应设置1所及以上；县（市、区）级老年教育设施为老年大学分校，可按区、县（市）各1所设置；街道（乡镇）级老年教育设施为老年学校，按每街道、乡镇1所设置；社区（村）级老年教育设施为老年进修班，按每社区、村1所设置。

（2）专享占地和共享占地结合，灵活布局

分专享型和共享型两类，进行分类配置。其中，老年大学宜为独立占地；老年大学分校可为独立占地或共享占地，可以和区（县）的公共活动中心等合设；老年学校，宜为共享占地，可以和街道（乡镇）的公共活动中心等合设；老年进修班，宜为共享占地，可以和社区（村）的日间照料中心或公共活动中心等合设。

（3）考虑服务范围，满足各级需求

考虑不同老年教育服务设施的服务半径，老年大学服务市级，老年大学分校服务区（县）级，服务半径宜在3000m左右，街道（乡镇）级的老年学校服务半径宜在1000～2000m，社区（村）级的老年进修班半径宜在1000m以下（图6-13）。

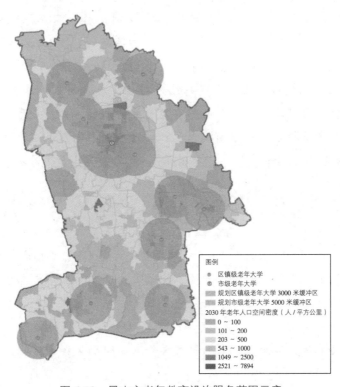

图6-13　昆山市老年教育设施服务范围示意

5. 配套政策

（1）加快推进老年教育设施建设

将老年教育服务纳入各地教育事业发展规划，加强老年大学、老年学校、老年进修班等设施建设，健全老年教育网络体系。扩大老年教育覆盖面，市、区（县）普遍建立老年大学（分校），街道（乡镇）建立老年学校，社区（村）建立老年进修班。

（2）创新老年教育体制机制

探索老年教育新模式，丰富教学内容。利用广播、电视、互联网等现代传媒开展老年远程教育。发挥党支部、基层自治组织和老年群众组织的作用，做好新形势下老年人的思想教育工作。

（3）创新多元办学模式

加大对老年大学（学校）建设的财政投入，积极支持社会力量参与发展老年教育，扩大各级各类老年大学办学规模。

案例：“政府、企业、业主三方共赢”的社区老年大学

在深圳南山区政府、市老年协会的大力支持下，卓越集团在深圳蔚蓝海岸社区搭建起“老年大学”服务平台，在该平台的支持服务下，社区老年人自我组织、自我管理，让“卓越老年大学”良性运转，不断发展，创造性地实现了“政府、企业、业主”三方合作、三方共赢的“铁三角模式”。

只有让老年人充分融入整个老年大学的组织、运营、发展中才能全面调动老年人的积极性，才具有可持续发展性，与其他社区养老模式相比，卓越的“铁三角模式”是真正能够实现三方共赢的模式，一方面减轻了政府的社区养老负担，另一方面提升了社区老人的参与度和自主性，让老人真正“老有所学，老有所为，老有所乐”，成为最具生命力和持续力的社区养老模式。

“卓越老年大学”始终以“老有所学，老有所为，老有所乐”为宗旨，通过充分调动社区老人的积极性，实现社区老人对“老年大学”的自我管理、自我服务。目前，深圳蔚蓝海岸“卓越老年大学”注册学员已突破900名，并开设了国画、书法、舞蹈、声乐、电子琴、英语、时装和摄影等8个专业共16个教学班。“卓越老年大学”为社区老人营造了一个温馨舒适的学习环境，搭建了一个增长知识、丰富生活、陶冶情操、促进健康、交友联谊、服务社会的平台，从而让他们感受到晚年生活的乐趣和生命的价值。

6.3.3 老年文体设施

1.概念内涵

老年文体中心：专为老年人提供休闲娱乐、体育活动等服务功能的场所。

文体中心（含老年设施）：提供文化、体育活动的场所，其中也包含相关为老年人服务的设施和场所，为共享型设施。

2.现状概况

目前，全国大中城市逐步建立设施完备、功能齐全的综合性老年活动中心，县（市、区）建立老年文化活动中心，乡（镇）、街道设立老年活动站，基层村（社区）开设老年活动室。各级政府在原有或新建的公益性文化设施中开辟老年人活动场所，有关部门管辖的文化活动场所也积极向老年人开放。国家财政支持的图书馆、文化馆、美术馆、博物馆、科技馆等公共文化服务设施以及公园、园林、旅游景点等公共文化场所向老年人免费或优惠开放。

截至 2010 年年底，城乡老年文体活动设施达 67 万多个。近几年，重点加强农村老年人文化设施建设。2012 年，全国老龄办、民政部、教育部等 16 部委联合印发了《关于进一步加强老年文化建设的意见》，要求公共文化资源要更多地向农村和中西部、贫困地区倾斜，缩小城乡文化发展差距，着重加强农村老年文化设施建设。

3.建设标准

老年文体设施配置标准如表 6-10 所示。

老年文体设施配置标准   表 6-10

设施类型	设施等级	配置标准	占地规模	设施配置内容	占地类型
老年文体中心	市级		4000m² 以上	图书室、音像室、文化书场、棋牌室、乒乓室、老年门球场地等	独立
	区（县）级		2000m² 以上		独立
文体中心（含老年设施）	街道（乡镇）级	原则上按不同管辖区域各设置 1 所		1.图书室直接使用面积在 100m² 以上，基本藏书 5000 册以上，年订阅报刊 50 种以上； 2.多功能活动厅（戏曲播放室），面积在 100m² 以上； 3.文化书场面积在 100m² 以上； 4.乒乓室、棋牌室视实际情况而定	共享（文体中心）
	社区（村）级			1.有电视放映室（书场），备有 50 盘（盒）以上的影像资料； 2.有图书阅览室，面积 30m² 以上，藏书在 1000 册以上，订阅报刊 20 种以上； 3.有室外供群众开展活动的小型文体广场，面积在 300m² 以上	共享（文体中心）

4. 规划策略

（1）分级布置，实现层次覆盖

按"市—区（县）—街道（乡镇）—社区（村）"四级体系布局。市级和区（县）老年文体设施为老年文体中心，属于独立占地的专享型设施，市级和区（县）各设置1所；街道（乡镇）和社区（村）老年文体设施为各管辖区域所布置文体中心内的老年文体功能设施，属于非独立的共享型设施。

（2）考虑服务范围，满足各级需求

考虑不同老年文体设施的服务半径，市级老年文体中心服务全市，区（县）级老年文体中心服务半径宜在3000m左右，街道（乡镇）的文体中心（含老年设施）服务半径宜在1000～2000m，社区（村）级的文体中心（含老年设施）服务半径宜在1000m以下。

5. 配套政策

（1）加快推进老年文体设施建设

将老年文体设施纳入各地文体事业发展规划，加强老年文体中心和文体中心老年设施建设，形成对市、区（县）、街道（乡镇）、社区（村）全覆盖的老年文体设施体系。

（2）建立和规范老年文化与体育组织及各类活动

抓好老年文体社团建设，不断提高老年文体社团管理和服务水平，把那些热爱老年文化体育工作，有较强组织协调能力，群众基础好且有一定专业知识的老年人选拔到各级老年文化社团中来，同时要加强对老年文化社团活动的指导和人员业务培训。各地各有关部门要有计划地组织老年文艺会演、老年才艺展演等丰富多彩的老年文体活动。充分发挥老年人体育组织网络作用，开展适合老年人特点的体育健身活动。

（3）整合社会资源，实现资源共享

建议把社会上长期闲置不用的活动室、会议室及较大的空闲仓库等无偿向社区内老年社团开放，使有限的活动资源发挥更大的社会效能。

（4）采取多渠道筹集活动经费

积极探索出一条以服务为主导，以创收为辅助的老年文体社团发展新路子，积极争取社会团体及个人的赞助与捐赠，实现创收自助，补充活动经费的不足，不断改善老年文体社团的条件。

6.3.4 老年交通设施

1. 概念内涵

根据老年人的交通出行需求特性，老年交通设施主要包括公共交通设施和慢行交通设施两大类。

公共交通设施：指城市范围内定线运营的公共汽车及轨道交通、渡轮、索道等交通方式。具体包括三个方面：一是公交站点的可达性，包括轨道交通站点、快速公交站点与常规公交站点，均应方便老年人使用；二是乘坐公共交通的舒适性，主要包括候车环境与车内环境的营造；三是公交车辆配置，应充分考虑老年人的需求，配置一定比例的无障碍车型。

慢行交通设施：老年人日常出行中，慢行交通主要指步行和自行车出行，构建安全宜老的慢行交通设施对老龄化社会至关重要，主要关注三个方面：一是慢行交通的安全性，保障老年人在出行过程中人身不受伤害；二是具有较高可达性的慢行休闲网络，满足老年人的休闲、健身、娱乐等出行需求；三是宜老型慢行服务设施的配置，提升出行品质。

2. 现状概况

（1）慢行交通为主，公交出行比例有待提高

据江苏老年人出行状况抽样调查，全省老年人出行绝大部分采用步行、自行车等慢行交通方式，其中步行占 31.3%，自行车等非机动车交通占 49.8%，两者之和超过 80%。公共交通在老年人出行中占 10.4%，出行比例偏低；私家车出行比例达到 7.1%，与公交车较为接近（图 6-14）。

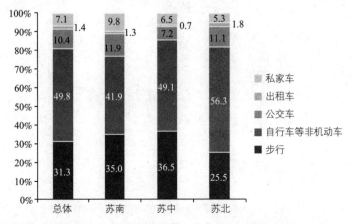

图 6-14 出行交通方式选择对比（2012 年）

（资料来源：江苏省城市规划设计研究院 . 人口老龄化趋势下的城乡规划研究 [Z]，2013）

（2）慢行交通出行环境有待改善

一是慢行交通出行安全性有待提升。据调查统计，27.2%的老年人表示出行不安全。从调查情况来看，影响老年人出行安全性最重要的因素来自于机动车的威胁，有35.9%的受访老年人选择"过马路时不安全"作为出行不安全的主要原因，在所有因素中排名首位。其次，"行人与非机动车道共行，无隔离栏"是影响老年人出行安全性的第二要素，有33.8%的受访者选择。加强老年人交通出行组织，为不同出行方式提供分区域、人性化的交通空间，避免交通混行，是提升老年人出行安全性的重要措施之一（图6-15）。

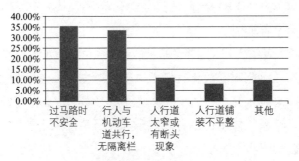

图 6-15　出行不安全的主要原因（2012 年）
（资料来源：江苏省城市规划设计研究院．人口老龄化趋势下的城乡规划研究 [Z]，2013）

二是慢行交通出行舒适性有待提升。据调查，增加路边的休息场地是提升老年人出行舒适度的关键因素。在过街路口、公交车站等方面的环节设计上，需综合考虑到老年人的身体状况，完善无障碍道路设施，如在过街天桥增设自动扶梯（图6-16）。

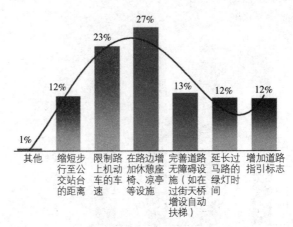

图 6-16　改善日常外出舒适度的措施统计（2012 年）
（资料来源：江苏省城市规划设计研究院．人口老龄化趋势下的城乡规划研究 [Z]，2013）

（3）公交整体服务水平不高，与老年人公交出行潜在意愿形成较大反差

目前老年人对公交服务的满意度尚存在较大的改进空间，究其原因既有公交线路布局不合理、使用不方便的因素，也有准点性差、车内拥挤等运营方面的因素。而在提升公交服务质量的假设前提下，有92%的受访老年人愿意使用公交出行，这就为提升老年人出行机动性和便捷性提供了解决之道（图6-17、图6-18）。

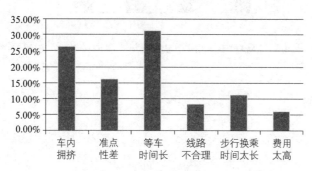

图6-17　对公交不满意的主要原因（2012年）

（资料来源：江苏省城市规划设计研究院. 人口老龄化趋势下的城乡规划研究 [Z]，2013）

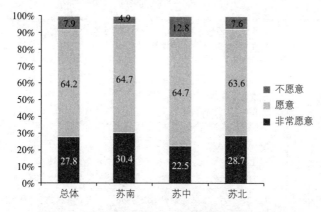

图6-18　对公交出行的潜在意愿对比（2012年）

（资料来源：江苏省城市规划设计研究院. 人口老龄化趋势下的城乡规划研究 [Z]，2013）

值得注意的是，公共交通对老龄群体的普惠性有待大力推进。从调查来看，即便在经济相对发达的苏南地区，老年人无法享受公交出行优惠的比例仍然较高，与当前"公交优先"的政策要求存在一定差距，在今后的工作中应努力推进相关政策落实，扩大享受公交出行优惠的老龄群体范围，这也是减轻老年人出行费用负担，提升老年人公交出行比例的必要措施（图6-19）。

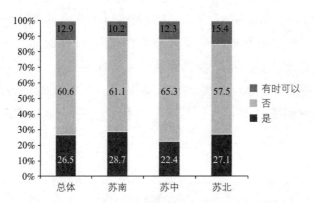

图 6-19　居住地公交出行优惠政策享有情况对比（2012 年）

（资料来源：江苏省城市规划设计研究院．人口老龄化趋势下的城乡规划研究 [Z]，2013）

3. 规划策略

根据适老化交通体系的相关要素分析，对公共交通设施和慢行交通设施的建设布局提出指引和要求，具体如表 6-11 所示。

老年交通设施建设布局指引一览表　　　　　　　表 6-11

相关要素	适老化交通设施建设环节	布局指引与建设要求
公共交通设施	公交站点	城市大、中运量快速公共交通系统站点设置应统筹考虑与养（为）老服务设施的关系。 城市中心区养（为）老服务设施周边 200m 范围内有公交站点服务。 城市外围区与乡村地区养（为）老服务设施周边 500m 范围内有公交站点服务
	乘车环境	公交站亭候车座椅设置老年人优先座位。 公交站亭旁应设置轮椅停留位置。 公交车辆内老年人优先专座不少于 2 个 / 车厢。 公交车辆内轮椅停留位置不少于 1 个 / 车厢
	车辆配置	城市公交干线：每条线路的无障碍车辆配置率不低于 30%。 城市公交支线：每条线路的无障碍车辆配置率不低于 20%。 乡村公交线路：每条线路的无障碍车辆配置率不低于 20%
慢行交通设施	慢行休闲网络	城市养（为）老服务设施周边 500m 范围内有独立的慢行休闲空间
	慢行服务设施	慢行通道沿线休憩设施平均设置间距不超过 500m。 慢行通道沿线夜间照明达标率达到 100%。 设置红绿灯的交叉口宜设行人过街音响提示装置
	慢行安全保障	养（为）老服务设施周边 500m 范围内，主、次干路限速 30km/h，支路限速 20km/h。 主干路等级以上（含）道路，快慢交通空间应采取隔离措施。 人行横道长度超过 16m 时，应在人行横道中央设置行人二次过街安全岛

4. 配套政策

（1）健全法规制度

健全法规制度的主要目的是要从法律上确立适老化交通体系建设的重要性，规范并鼓励适老化交通改造或建设措施的落实，保障老年人的交通出行权益。从长远来看，应逐步将适老化交通体系建设的相关要求纳入城市交通发展白皮书，并在城市交通管理条例中增加老年人出行权益保障的相关内容。此外，还应与城市的发展阶段和实际需求相结合，建立适老化交通体系建设的奖惩制度，促进健康、有序发展。

（2）加强规划编制管理与交通管理

一方面，通过加强规划编制、管理促进适老化交通体系建设得以落实。在城乡总体规划、综合交通规划及其他相关专项规划编制过程中，统筹考虑老龄化程度与综合交通体系的应对措施。在城乡规划管理中，重视适老化交通相关内容和要求的落实，监督规划实施的有效性。另一方面，通过加强交通管理促进适老化交通环境建设。对老年人单独驾车加强培训和审查，强化老年人交通安全意识教育，鼓励针对老年人的交通安全问题研究，引导社会形成尊老、爱老的交通出行秩序，在交通管理的各个环节全面加强对老年人出行权益的保护。

（3）确保建设资金

适老化交通体系构建离不开充足的建设资金支持。随着老龄化程度的逐步加剧，适老化交通改造或建设越来越成为不可避免的趋势，应推动相关设施以公益性项目的形式纳入政府公共财政支出范畴。可借鉴城市"公交优先"的实施经验，在城市基础设施投资或公用事业建设投资中，提取一定比例的资金，用于适老化交通项目的落地实施；或设立适老化交通专项建设基金，专款专用，每年拟定若干改造或建设项目，逐步完善适老化交通设施布局。

（4）落实优老措施

在交通出行秩序、费用负担等方面给予老年人优惠待遇，并形成规范性条例，使之具有延续性和可持续性，在全社会提倡和培育老年人出行优先的风气、习惯，保障老年人出行权益。具体而言，就是在排队顺序、出行秩序、座位享有、通行权限等方面优先考虑老年人的需求；在公交出行费用、其他交通收费或票据购买等方面对老年人实行减免或优惠，提升其出行效率与便捷度，降低经济负担，增加出行机会，促进老年人参与社会活动、融入社会发展。

6.3.5　老年游憩设施

1. 概念内涵

适老公共开敞空间通常是指适宜老年人进入，具有一定公共设施、一定规模的自然、生态或人文内涵基础，富有景观特色的地段或区域。分为绿化空间、广场空间和街道空间。目标是建设符合老年人生理特征、心理特征和行为特征的场地环境和小品设施。

2. 现状概况

据统计，老年人常去的休闲活动地点主要是"小区内"和"附近的公园、广场"，分别占到了 30% 和 29%（图 6-20）。

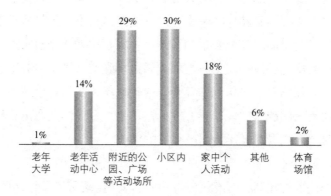

图 6-20 老年人常去的休闲活动地点统计（2012 年）

（资料来源：江苏省城市规划设计研究院 . 人口老龄化趋势下的城乡规划研究 [Z]，2013）

近几年，全国各地加大公园建设力度，至 2012 年年底，全国建成公园面积 306245hm²，人均公园绿地面积达 12.26m²（图 6-21）。但老年人对公园、广场的需求依然很大，据统计，公园、广场等游憩设施被老年人认为是最需要增加的为老服务设施（图 6-22）。

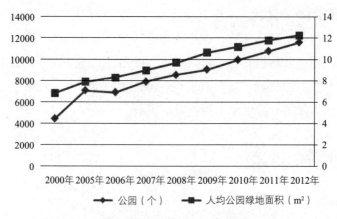

图 6-21 全国公园建设情况统计（2000 ～ 2012 年）

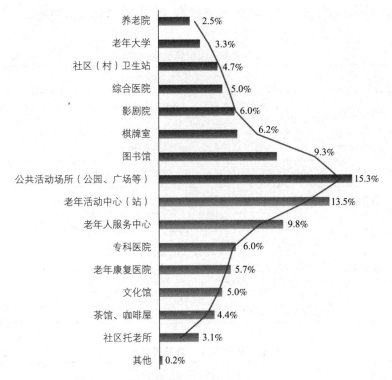

图 6-22　最需增加的为老服务设施统计（2012 年）

（资料来源：江苏省城市规划设计研究院 . 人口老龄化趋势下的城乡规划研究 [Z]，2013）

3. 建设标准

据调查，老年人能接受的游憩设施的最远距离少于 10min 的占 40.2%，能接受最远距离在 20min 的比例为 34.2%，能接受最远距离在 40min 以上的比例最低，仅为 6.8%。因此，在游憩设施规划布局上，应以老年人步行 10min 内可达，即每 500 ~ 1000m 设置一处游憩设施较佳（图 6-23）。

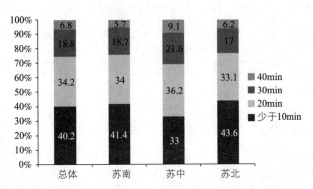

图 6-23　能接受游憩场所距住所的最远距离（2012 年）

（资料来源：江苏省城市规划设计研究院 . 人口老龄化趋势下的城乡规划研究 [Z]，2013）

在广场和公园绿地建设上，应当按照表6-12、表6-13的标准进行。

广场空间老年人设施配置内容 表6-12

配置场所	老年人设施配置要求	
广场空间	植物配置	创造人与自然相融的空间，注重植物的原生态，同时选择高大的乔木为老年人休息处遮阴，为晨练、散步创造意境
	无障碍设施	表面进行防滑处理的坡道，同时采用防滑砖铺地等
	活动场地	设置锻炼区，包括能进行太极、跳舞等健身活动的场地
	休息场地	包括给老年人休息的坐憩设施，还包括提供娱乐的棋牌场所
	照明设施	室外场所的夜间照明应非常充足，灯光照明应高低结合，避免由于过分集中的强光产生炫眼现象
	救援设施	在广场出入口等重要位置设置紧急救援设施，如应急公用电话等
	标识系统	在老年人专用区域设置明显的标识系统，考虑老年人视觉变化对标识的字体、色彩采用更大、更显著的设计

公园绿地老年人设施配置内容 表6-13

配置场所	老年人设施配置要求	
公园绿地	园路设计	步行道宽度应考虑轮椅使用者转弯，坡度6%以上时要设置坡道和台阶，园路应保证平坦中保持一定的粗糙度，同时线型需蜿蜒、富有变化
	植物配置	创造人与自然相融的空间，注重植物的原生态，同时选择高大的乔木为老年人休息处遮阴，为晨练、散步创造意境，有条件时可布置水生植物，提供富氧环境
	无障碍设施	表面进行防滑处理的坡道，同时采用防滑砖铺地等
	活动场地	设置锻炼区，包括能进行太极、跳舞等健身活动的场地
	休息场地	包括给老年人休息的凳椅等坐憩设施，还包括提供娱乐的棋牌场所，同时可结合花架、园亭栽以藤本，形成休息空间
	救援设施	在公园、绿地出入口等重要位置设置紧急救援设施，如应急公用电话等
	标识系统	在老年人专用区域设置明显的标识系统，考虑老年人视觉变化对标识的字体、色彩采用更大、更显著的设计

4. 规划策略

（1）层次多样化设计，满足老年人交往需求

游憩设施所承担的功能之一是为老年人提供公共的活动与交往空间，宜分成动态活动区和静态活动区。

动态活动区以健身活动为主，可进行步行、太极、跳舞、扭秧歌等健身活动。针对老年人对集体活动、小群体活动和个体活动的多重需要，老年人活动场地应根

据不同功能进行场地区别设置，积极地为他们创造公共性、私密性兼备的层次丰富的活动空间。同时，应考虑老年人在不同气候条件与天气状况下的需求，提供适宜各种天气、季节的多元化的公共开敞空间。

静态活动区主要包括各类坐憩设施。从老人的生理条件考虑，避免在夏天受阳光曝晒，冬天寒风扑面，或四周有刺耳噪声的地方设置座位。座位的尺度、质地等也应达到老年人的生理舒适要求。对于交往的需求多表现在两个或两个以上有交谈愿望的老人中，他们希望能舒服地坐着和对方交流信息，因此这时需一些适于交谈的小坐空间，如 L 形、多凹形或凸凹两边形、弧形等形式的座位。除此之外，还应提供台阶、花台、水池边沿、矮墙、旗杆基座等，这些形式灵活的"第一座椅"可为老人们提供更多的可选择性，使不同需求的老人都可以找到自己需要的小坐空间。

（2）无障碍设计，满足老人安全需求

无障碍设施主要包括坡道和地面等。

坡道表面应进行防滑处理，坡道的最大坡度和长度应按相关规范进行设置。

地面不能有台阶及急坡，其表面应选用有弹性、防滑，不易脱落损坏并易于清扫的材料。像砖块、沙子及圆滑石头铺砌的路面一般容易使人绊倒、滑倒，不适于老年人行走，地面应保证有一定的粗糙度，以使轮椅的轮子、拐杖、助行器等能贴牢地面而不易于滑动。地面还应有良好的排水系统以免雨天打滑。此外，应考虑老年人视力衰退、视野范围受限等生理特征，强化道路识别系统建设。

5. 配套政策

（1）加快老年人游憩设施无障碍建设与改造

将老年人的活动空间纳入广场、公园、绿地的各级规划设计中，利用公园、绿地、广场等公共空间开辟老年人运动健身场所。同时，加快推进无障碍设施建设，加快现有与老年人日常生活密切相关的公共空间无障碍改造步伐。

（2）完善老年人游憩设施建设技术标准体系和实施监督制度

按照适应老龄化的要求，对现行老龄公共空间设施工程建设技术标准和规范进行全面梳理、审定、修订和完善，在规划、设计、施工、监理、验收等各个环节加强技术标准的实施与监督，形成有效规范的约束机制。

6.3.6　信息服务平台

1. 概念内涵

养老信息服务平台是基于互联网与电子信息技术发展起来的集信息采集、信息管理、信息查询、信息传输以及交互式服务于一体的新型养老服务平台，促进管理者、服务提供者以及老年人三者紧密联系和共同发展。依据养老信息服务平台所提供的服务类型，主要包括老年人口数据库管理系统、居家（社区）养老信息服务系统、养老服务机构展示查询系统、养老服务电子商务系统以及个性化服务跟踪监测系统等。其中，居家（社区）养老信息服务系统提供的服务内容，主要涉及饮食、教学、关怀、保健、医疗等与老年人生理与心理发展需求相吻合的各方面内容（图6-24）。

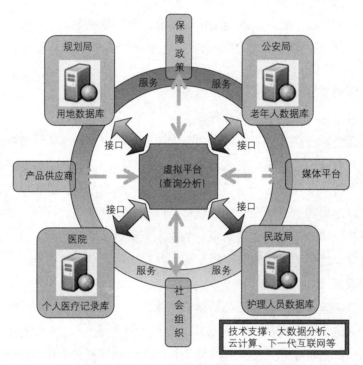

图 6-24　养老信息服务平台示意

2. 平台构成

（1）主要内容

养老信息服务平台的人机交互方式主要以网络为载体，以网站建设为主要形式。平台主要由网站子系统、运营管理子系统两大部分组成。其中，运营管理子系统包括：为老服务应用子系统、呼叫中心及客户关系管理子系统（CRM）、业务管理支撑系统（即后台管理系统）、接口程序等部分。通过接口程序，调用或者衔接的相关应用系统还有：GIS（地理信息系统）、GPS（卫星定位系统）、LBS（移动基站定位系统）、SMS（短信接口）或MAS（移动应用服务器）、TTS（语音合成系统）、手机程序（客户端软件）等外部信息交互系统（图6-25）。

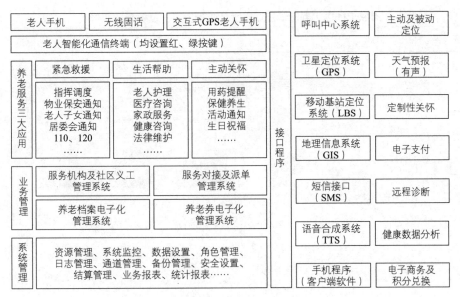

图 6-25　养老信息服务平台内容框架体系

（资料来源：居家养老信息化管理系统 [EB/OL]. http://blog.sina.com.cn/s/blog_6856ee530100itnp.html）

（2）服务形式

在服务流程方面，构建市 / 区—社区（街道）—家庭三级养老信息网络，并对日间照料中心、社区老年护理点等各类养老服务设施、为老设施、社区义工、养老产业相关部门等用户开放，形成多角色参与的养老服务网络（图 6-26、表 6-14）。

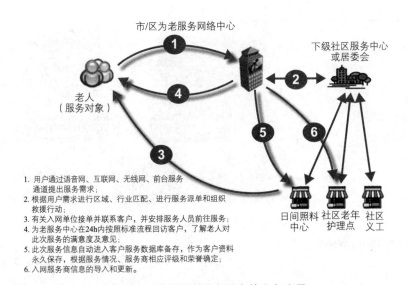

1. 用户通过语音网、互联网、无线网、前台服务通道提出服务需求；
2. 根据用户需求进行区域、行业匹配、进行服务派单和组织救援行动；
3. 有关入网单位接单并联系客户，并安排服务人员前往服务；
4. 为老服务中心在24h内按照标准流程回访客户，了解老人对此次服务的满意度及意见；
5. 此次服务信息自动进入客户服务数据库备存，作为客户资料永久保存，根据服务情况、服务商相应评级和荣誉确定；
6. 入网服务商信息的导入和更新。

图 6-26　养老信息服务平台的业务流程

（资料来源：畅信达居家养老服务网络中心解决方案 [EB/OL]. http://www.ipxchina.cn/news/861.html）

居家（社区）养老信息服务平台服务内容、目标与主要形式　　　表 6-14

服务内容	目标	主要形式
饮食	智慧管理，健康饮食	通过物联网对作物生长的每一个环节进行监控和管理，精确控制营养和水的输送　每天都有样本检测，以确定次日正确的营养搭配　工人通过数据卡的刷卡进行管理，如果发生污染事件，可以直接查找到精确的温室、行列和负责养护的人员　对每一批次的农产品都配以相应的RFID标签，可以由此标签查找产地、运输过程、零售终端各项内容 **生长过程监控 → 每日样本检测 → 污染智能溯源 → 全过程管理** 数据采集是智能水网最底层的技术，它借助分布在管理内的无线终端、光纤等设备，以监控水流　传感器感应异常的用水情况变化，数据中心接收到来自传感器的数据之后立刻报警，提示管理人员水管存在泄漏的可能性　通过模拟计算，传感数据被利用来进行输配水系统的压力管理，使自来水公司更主动地调度水资源　借助数据，引导和改善人们的用水习惯。如制定更有效率的收费办法，更好地合理用户使用规律，也能够起到节约资源的作用 **基础数据采集 → 泄露污染监测 → 智能资源调配 → 引导节约用水**
教学	智慧教学，健康心灵	利用事中多媒体设备，以在线测览的方式探索行业科技术方面的职业生涯，在服务社会的同时，招募未来的学生　通过网络平台将学生与高科技公司联系起来，以图形方式显示学生在社会上的职业发展机会，并提供实地考察与实习机会 **职业创新平台　就业匹配　校园就业匹配** 搭建数字图书馆，运用大型计算机网络连接城市的所有图书馆，为市民提供电子图书　联合各大高校，开设校园内网，电子教室等，提供校内资源共享、教学讨论、视频会议等内容 **知识资源共享　智慧教学　电子教学设施　在线课程教学** 在电脑和网络上向初中和高中生提供信息相关课程，为高校引入外部优秀高等教育资源
保健	智慧保健，健康意识	**智慧保健　在线运动** **在线营养保健师咨询　在线运动和减肥计划** **保健信息交流平台　虚拟健身教练**
关怀	智慧关怀，健康社会	提供各项在线服务的数据库，主要为通过成人老年人住宅，成人图书馆，社区中心等照顾残疾人与老年人　提供了一个与布局在城市各处摄像机的通道，可以让生活不便的老年人联系到社区 **护理能力共享　居家服务　老人摄像监视** 如果放置在家里的传感器没有检测到较长的一段时间内老人的运动，那么无线移动探测器触发远程报警　养老院拥有自己的视频制作工作室和视频点播的网络，以帮助老年人保持与世界相互联系。可以制作节目，与城市居民分享老人的生活经历与经验 **老人安全服务　社会养老　老人心灵健康** 网络连接现有敬老院、老年公寓及福利院，成立在线护理中心，各主体之间共享家政护理能力，可依据需求灵活调配人员

132

服务内容	目标	主要形式		
医疗	智慧医疗，健康生活			

资料来源：联合国工业发展组织中国投资促进办事处.沈阳万邦项目工作组创新示范项目报告［R］.

（3）功能群组子系统（表 6-15）

养老信息服务平台功能群组子系统内容与组织方式 　　　表 6-15

子系统	服务内容	组织方式
紧急救援子系统	针对老人突发性事件和身体不适，提供各种紧急救援服务。包括通知物业保安、老人子女、居委会以及卫生医疗机构、120等。中心座席人员会在第一时间，尽快地根据老人的地理信息和历史记录，全方位地通知有关人员赶到现场，从而保障老人的生命财产安全	
生活帮助子系统	主要的服务内容包括养老服务、家政服务、健康档案咨询、送水送餐、订票、就医预定、法律维权、心理咨询等。主要是通过平台系统整合第三方单位及服务信息，根据老人的需求，进行电话转接完成，从而为老人提供多方位的专业的服务对接	
主动关怀子系统	综合运用电话、短信等通信手段，平台可以根据发送的内容，将天气状况、保健护理、疾病预防、政府的为老政策等主动地发送给老人，让老人感受到政府和社会的关爱	

资料来源：联合国工业发展组织中国投资促进办事处.沈阳万邦项目工作组创新示范项目报告［R］.

3. 设计理念

（1）平台设计应体现前瞻性，以适应科技进步与养老产业发展

养老信息服务平台作为信息时代的新兴产物，应具有应变能力强、更新速度快、灵活多变的特征。因此，平台设计应该充分体现前瞻性，时刻领先于养老市场的发展变化，需要对新型养老方式影响下的养老产业发展方向进行预判，并充分运用科技手段实现功能的完善与更新。

（2）平台建设应体现人性化、多元化、易操作、可移植的特点

与传统的人对人服务不同，养老信息服务平台是以计算机和电子设备为载体，因此，人机交互体验成为影响平台服务效率的重要方面。特别是对于接受新鲜事物较为困难的老年人而言，养老信息服务平台设计应充分考虑他们的生理与心理需求，充分体现人性化、多元化、易操作、可移植的特点，提高老年人使用的便捷程度与舒适程度。

（3）平台建设应统筹考虑实体空间各类设施的相互联系

养老信息服务平台作为一种虚拟的网络平台，打破了原有的物质空间的信息传输距离，从而对设施服务半径与服务方式产生影响。因此，平台建设应统筹考虑与实体空间中各类设施的相互联系，实现信息与服务的无缝对接。

4. 配套政策

（1）完善各类养老服务设施与为老设施的信息化硬件设备配置

对于新建养老服务设施与为老设施，应规范其信息化硬件设施配置，保证每个设施至少有 1 部可以接入互联网养老信息平台的设备。有条件的设施，应鼓励其配置更多、更好的设备，保障老年人对信息平台的使用需求。

（2）对高龄、空巢、介助、介护等特殊老人群体优先试点居家养老呼叫系统入户服务

针对高龄、空巢、介助、介护等特殊老人群体，优先试点居家养老服务呼叫系统入户服务，为有需要的老人免费安装可接入养老信息平台的设备。

（3）规范养老信息服务平台

鼓励各类养老相关产业的企业进入信息服务平台，鼓励提供更丰富、更多元化的养老服务产品。同时，政府需要制定相关的法律法规，规范养老信息服务平台的网络秩序，监督各类商业活动的合法性，保障老年人的权益不受侵犯。

第七章
适老化城乡规划编制变革

7.1 国内养老服务规划编制概况

7.1.1 我国现有养老服务设施规划的总体情况

从目前调查研究来看,随着国家《社会养老服务体系建设规划(2011—2015年)》的公布,全国31个省市及自治区大都已编制了相应的社会养老服务体系规划,对市县级养老服务设施建设发挥了很强的指导作用,如通过千人养老床位数等指标进行养老床位数规划控制。部分市县在当地的社会养老服务体系建设规划基础上,制定相应的养老服务设施空间规划,实现了在空间上对养老服务设施进行统筹布局规划,确保了养老服务设施的落地。

根据各省市及自治区规划文件,可得出全国31个省市及自治区2010年与2015年的每千名老人床位数变动情况(图7-1)。如表7-1所示,大部分省市及自治区规划到2015年每千名老年人床位数为30张,只有贵州规划为20张。其中,云南、贵州、湖南、广东、福建、海南、广西、山西、山东、陕西、新疆、甘肃、宁夏在2010年每千名养老床位数小于15张,近期养老服务设施供给存在严重缺乏现象。

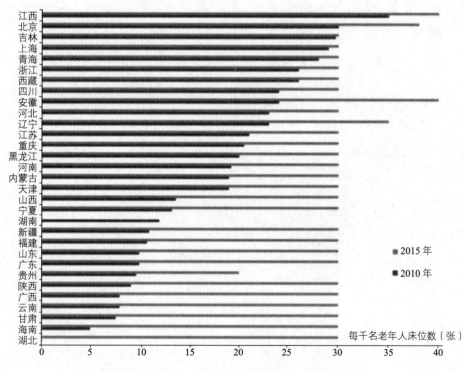

图7-1 2010年与2015年每千名老年人床位数比较图

2010 年与 2015 年每千名老人床位数统计表（张）　　表 7-1

省份	2010 年	2015 年（规划床位数）
重庆	20.5	30
四川	24	30
云南	8	30
贵州	9.7	20
西藏	26	30
湖北	暂无统计	30
河南	19.2	30
湖南	12	暂无统计（长沙为 30）
江西	35	40
广东	10	30
福建	10.78	30
海南	5	30
广西	8	30
辽宁	23	35
吉林	29.7	30
黑龙江	20（城市）	30
北京	30	38
天津	19	30
河北	23	30
内蒙古	19	30
山西	13.7	30
山东	10	30
上海	29	30
安徽	24	40
浙江	26	30
江苏	21	30
陕西	9.16	30
新疆	11	30（乌鲁木齐）
甘肃	7.6	30
宁夏	13.3	30
青海	28	30

资料来源：各省份的老龄事业"十二五"发展规划。

7.1.2 全国各地区养老服务设施规划编制概况

1. 华北地区

（1）已有规划
①北京市

规划目标："9064"养老发展目标，即到 2020 年，90% 的老年人在社会化服务协助下通过家庭照顾养老，6% 的老年人通过政府购买社区照顾服务养老，4% 的老年人入住养老服务机构集中养老。采用弹性控制，按照 2020 年 60 岁以上常住老年人口规模 350 万～ 400 万人配置各类养老服务设施。到 2020 年，全市机构养老床位总量为 16 万～ 18 万张（表 7-2）。

2020 年北京市规划机构养老床位情况 表 7-2

分区		养老床位配置标准（床/百人）	养老床位总需求（万床）
中心城	旧城	2.0 ～ 2.5	0.41 ～ 0.50
	中心地区边缘集团	3.0 ～ 3.5	5.39 ～ 6.81
	绿化隔离地区	4.0 ～ 4.5	0.43 ～ 0.47
	小计	—	6.24 ～ 7.78
中心城外	新城	4.0 ～ 4.5	6.40 ～ 6.94
	乡镇和农村地区	4.0	3.06 ～ 3.32
总计		—	15.69 ～ 18.04

注：各分区床位中含 11% ～ 14% 的为 60 岁以下重度残疾人服务的机构养老床位。

规划亮点：针对不同区域人口、土地、环境的发展特点，明确中心城（旧城和旧城以外地区）、新城、乡镇和农村地区的设施发展思路，优化全市机构养老服务设施空间布局。根据中心城、新城、乡镇及农村地区实际建设情况和人口、土地、环境的特点，本次规划按照分区域确定了保障型和普通型机构养老服务设施建设标准。采用"一区一图"的形式，对中心城、新城、乡镇和农村地区机构养老服务设施发展方向、建设总量、建设标准及空间进行引导（图 7-2）。

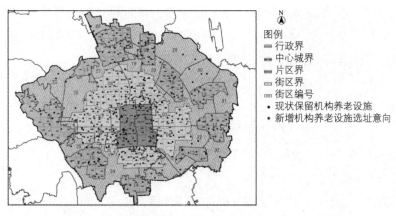

图 7-2　北京市机构养老设施规划布局（中心城区）图

注：本图彩色附图详见 180 页。

②天津市

规划目标：到 2015 年，将基本形成"973"的养老服务格局，即全市老年人口中，97% 的老年人居家养老（94% 的老年人依托社区日间照料服务设施分散居家养老，3% 的老年人在老年宜居社区集中居家养老）；3% 的老年人入住养老机构养老。规划预测到 2015 年，天津市 60 岁及以上老年人口将达到 200 万以上，约占总人口19.5%；到 2020 年，老年人口将占全市总人口的 25.2%，到 2030 年，天津市老年人口将达 333 万人，占总人口的 35.62%。到 2015 年，规划机构养老服务设施达到 316 处，新建养老机构床位数配建标准为 50 ~ 100 张；规划建设老年宜居社区 12 处，规划入住老年人口 14 万人。全市 80% 的社区建有老年人日间照料服务站和残疾人托养站，全市街道和乡镇老年日间照料服务中心将达 640 处。

规划亮点：到 2015 年，鼓励支持社会资本建设老年宜居社区（老年公寓）12 处。计划建设一所专门培养养老护理和服务人员、可容纳 1 万名学生的专科学院，为养老服务提供合格人才。鼓励养老机构开展社区延伸服务，对其所聘并签订 1 年以上劳动合同、从事居家养老服务的人员，按 6 位老人配备 1 名服务人员比例核定，根据公益性岗位补贴规定给予社会保险补贴和工资性补贴。

③石家庄市

规划目标：到 2015 年，形成"9073"养老模式，即有 90% 的老人居家养老，接受社会服务，7% 的老人需要社区提供日间照料和托老服务，3% 的老人需要入住养老机构，老年人口比重将达到 15.92%，老年人口将超过 170 万。规划十二五期间全市新增示范性养老机构床位数 6400 张以上；到 2015 年，每个街道（乡镇）要建成一所床位数不少于 30 张的综合性养老服务中心，每个社区要建成一所为老服务站，每个县（市）、区都要建成县级社会养老服务指导中心；全市新增民办养老床位不低于 12600 张。

规划亮点：到 2012 年 6 月底，每个县（市）各建成一所"多院合一"的民政事业服务中心。建立市，县（市）、区，街道（乡、镇），社区（村）四级养老服务信息网络。2012 年年底为老服务信息系统要求覆盖到全市。

④包头市

规划目标：预计到"十二五"末，包头老龄人口将达到 50.4 万，占总人口的 18% 左右。"十二五"末，养老机构床位数增加 5000 张以上，达到国家每千名老人 30 张以上的标准。全市 50% 以上的社区建立老年人日间照料中心，每个面积不少于 150m²，床位数不少于 20 张。

规划亮点：全市初步形成了以专职老龄工作者为主导，养老服务机构工作人员为补充的专兼职结合、结构合理的为老服务工作队伍。全市各级为老服务工作机构有工作人员 1200 多名；养老服务机构有工作人员 3100 多名；老年活动场所、老年大学等为老服务机构有专（兼）职工作人员近 1100 人。

（2）主要特点

第一，农村地区养老问题更为严峻。一方面，华北地区农村地区的老龄化程度高于城镇，随着城镇化进程的加快和人口的迁移流动，这种城乡人口老龄化差异还将继续发展。另一方面，城乡养老服务设施的配置缺乏统筹协调，农村地区养老服务设施配置水平普遍偏低，无法满足老年人的实际需求。

第二，人口老龄化超前于现代化。这一问题集中反映在山西、河北、内蒙古等内陆资源型省份、老工业基地、欠发达地区，"未富先老"的特征更为显著，应对人口老龄化的经济实力还比较薄弱。

第三，市场化程度得以提升。从现状华北各省份的养老服务市场发展情况来看，社会资本进入养老市场的形势正逐步被打开，各地均通过制定金融、保险、土地等多方政策，鼓励民营资本进入养老服务市场。

第四，重视基层养老服务设施。总体上，华北地区各省份针对自身的养老服务需求特征，在基层养老服务设施的建设方面展开了颇具针对性的实践，如北京的"星光老人之家"，内蒙古和河北等地的"农村幸福院"互助养老，山西省的"阵地式"养老服务等，均取得了较好的服务效果。

2. 华东地区

（1）已有规划

①上海市

规划目标：构建"9073"的养老模式，家庭自我照顾 90%、社区居家养老服务 7%、机构养老服务 3%。预计到 2015 年年末，户籍 60 岁及以上老年人口将超过 430 万，比例接近 30%。到"十二五"期末，养老床位达到 12.5 万张，老年医疗护理床位达到 2.6 万张，总量达 15.1 万张，其中满足失能（失智）老年人需求的新增床位占 70% 左右。新建老年人日间服务机构 100 家以上，老年人社区助餐点 200 家以上。社区老年人日间服务机构按照每 3 万～4 万老年人 / 个的标准配置，同时配置一定数量的老年人助餐点。到"十二五"期末，全市所有街道（镇）设有一所社区卫生服务中心，各类二、三级医院普遍建立老年病科，家庭病床保持在 6 万张左右；居村委学习点发展到 4500 个，新建标准化老年活动室 500 家、改造 1000 家，实现"一居（村）一室、一街（镇）一中心"，全市居（村）委会全覆盖。

规划亮点：首个出台老年教育"十二五"规划。2011 年，上海提出要把老年教育纳入上海市教育发展规划，使老年教育成为上海城市社会事业发展的新亮点，出台了《上海市老年教育"十二五"发展规划》。规划以"让老年人满意的教育"为理念，以提升老年人的幸福指数和身心健康为目的，以完善老年教育的体制和机制为重点，以乡村、街镇老年教育为基础，以市级老年大学为骨干和示范，形成"就近、便捷、快乐"的上海老年教育特色。

②芜湖市

规划目标："9064"的养老模式，90% 的老年人通过社会化服务实现居家养老，6% 的老年人通过政府购买服务实现社区养老，4% 的老年人通过入住养老服务机构集中养老。到"十二五"末，全市共办社会福利院、光荣院养老床位总数达到 1400 张，重点支持建设 12～15 个（市区 7～8 个，四县 5～7 个）社会福利中心，新增床位 3000 张以上。对全市 24 个 100 张床位以下的农村敬老院项目进行改扩建或撤并，新增床位 4000 张左右，其中新建床位 1000 张。引进社会力量兴办 5～8 个 300 张左右床位、2～3 个 500～1000 张床位的中高档老年公寓（或称养老护理院、老人休养中心等），新增床位 3000 张以上。全市重点扶持建设 50 个左右居家养老服务站和社区日间照料中心，每个使用面积不得少于 500m²，配备 50 张以上床位，新增床位 2500 张以上，在城乡社区新建和改造的居家养老服务站和社区日间照料中心使用面积不得少于 300m²。各县区建设居家养老指导中心，面积在 500m² 以上。

规划亮点：芜湖作为全国首批城镇居民社会养老保险试点县，将城乡养老并轨实行统一标准、统一待遇，打破了城市居民与农村农民的界限。通过建立和完善适龄人员基础信息台账，为每位参保人建立了县、镇、村三级业务档案。根据农村人口众多、居住分散、流动性大的特点，县人社局推出了"三不出"服务法：一是业务办理不出村；二是咨询政策不出门；三是缴费、领取不出镇。

③杭州市

规划目标："9064"的养老模式，90% 的老人享受以社区为依托、社会化服务为协助的自主居家养老模式，6% 的老人将享受政府购买服务的居家养老，4% 的老人入住养老机构进行养老。到 2015 年，杭州每百名老年人拥有养老床位数将达到 4 张，到 2020 年，达到 5 张。新建住宅小区按每百户 20m²，且每处不少于 100m² 的原则配建社区居家养老服务设施。

规划亮点：杭州上城区创立居家养老服务国家标准。2011 年 11 月，浙江杭州上城区制定的《居家养老服务与管理规范》，已被确定为国家标准颁布实施，它对居家养老服务的对象和内容、养老服务员业绩评定等作了明确规定，还明确规定对辖区居家养老的 12 类服务项目、价格，由政府参与定价，成为以全面满足养老服务需求为目标的新型模式。该区是我国首批政府行政管理和公共服务标准化试点区之一（国家标准化管理委员会于 2009 年下达的国家级服务业标准化试点项目），成为我国打造服务型政府、探索社会管理创新的探路者；其人口老龄化程度居全省首位，为老服务任务繁重，在探索居家养老专业化、科学化、规范化方面创出了一条新路。

④南京市

规划目标：预计到 2015 年 60 岁及以上常住老年人口将超过 150 万人，占总人口的 16.42%，其中 80 岁及以上高龄老人将超过 20 万人，占老年人口的 13.75%。形成"9064"的社会化养老服务体系：90% 居家养老、6% 社区照顾和 4% 机构供养相结合。到 2015 年，养老机构床位数达到老年人总数的 4.0%，总数达 5.1 万张；实现城市社区居家养老服务网络全覆盖，农村社区（村）达 90% 以上。

规划亮点：为老服务设施建设成效显著。规划要求到 2015 年，全市各区县、街镇都要利用现有资源，建好老年学校，社区（村）建有老年学校分校，80% 的区县老年大学成为规范化大学、60% 的街镇老年学校成为规范化学校。市及各区县都要建立老年活动中心，街镇和有条件的社区（村）要建有老年文化活动室，到 2015 年时各区县社区（村）老年文化活动室建成比例达到 70% 以上。所有社区（村）要建有老年健身活动场所，配备必要的健身器材。南京市要确定 1 ~ 2 所、所有县（区）要确定 1 所"爱心护理院"，开展长期生活护理和关怀服务。

⑤济南市

规划目标：预计"十二五"期间济南市老年人口将以年均增长 3.2% 的速度递增，超过济南市人口年平均增长率。到 2015 年，全市 60 岁（含）以上老年人口将达到 120 万人，约占全市户籍总人口的 20%。规划省市级养老服务设施床位数 7650 张，区级养老服务设施床位数 5670 张，居住社区级养老服务设施床位数 14700 张，合计养老床位数 28020 张。农村地区规划村老年日间照料服务中心（站）床位数 2000 张，合计济南市区（中心城）镇村养老服务设施床位数共 6800 张（表 7-3）。

济南市区养老服务设施规划一览表　　　　表7-3

设施类型		用地面积（hm²）	建筑面积（m²）	床位数（张）	设施个数（个）	备注
省市级	养老院、老年公寓	45.66	248500	7650	5	
	老年人综合服务设施	1.08	8000	—	3	
	老年活动中心	2.4	12000	—	3	
	老年大学	0.94	—	—	1	现状保留
	小计	50.08	364700	7650	12	
区级	养老院、老年公寓	25.38	198450	5670	22	
	老年人综合服务设施	0.36	6000	—	6	
	老年活动中心	1.2	12000	—	6	
	老年大学	—	—	—	6	与大学、中专院校复合利用
	小计	26.94	216450	5670	40	
社区级	居住社区养老院	49	411600	11760	98	
	日托养老站	8.82	58800	2940	98	
	老年活动中心	5.88	29400	—	98	
	社区老年大学	—	—	—	98	与中、小学复合利用
	小计	63.7	499800	14700	392	
合计		140.72	1100950	28020	444	

⑥厦门市

规划目标："十二五"期间，全市拟新增福利养老床位5020张，其中公办1620张、民办3400张，使老年人床位拥有率达到35‰以上。新建城市道路和养老场所无障碍率达到100%，已建居住区、城市道路、公共建筑和养老场所的无障碍率达到70%。

规划亮点：建立并实行"区分对象、分类施补"的政府补贴制度；建立和实施专业社会工作者资格认证和为老服务从业人员资格认证制度，到"十二五"期末，专业养老护理服务队伍的培训和持证上岗率力争达到85%以上；老年人服务社会：到"十二五"期末，争取使老年志愿者数量达到老年人口的10%。支持发展老年人才市场，建立老年人才资源信息库。

⑦南昌市

规划目标：到2015年，覆盖城乡社区的社会养老服务网络基本形成，实现每千名老人拥有养老床位数达到 40 张以上。全市筹集资金，新建和改扩建敬老院、光荣院、福利院 90 余所，民办养老机构达 24 家，有效地缓解养老服务供求矛盾。居家养老服务由试点扩展到城乡各地，农村老年人协会规范化建设试点工作成效明显，为老服务能力得到进一步提高。

规划亮点：建立健全县（区）、乡（镇、街道）和社区（村）三级服务网络，城市街道和社区基本实现居家养老服务网络全覆盖；80% 以上的乡镇和 50% 以上的农村社区建立包括老龄服务在内的社区综合服务设施和站点。通过对公办养老福利机构的新建、改（扩）建，使每年新增养老床位不少于 2000 张；大力推进养老服务基础设施建设，按照"一市一中心"的要求，市本级新建一所功能齐全的社会福利中心（床位规模达到 1500 张）、一所设施齐全的老年人活动中心，每个县区都要建成一所政府主办、功能完善、具有示范引导作用的社会福利中心（床位数在 150 张以上）。

（2）主要特点

第一，土地资源稀缺的现状下设施扩容存在难点。华东地区各省市经济较发达，土地资源相对稀缺，而对于位于城市中心区的养老服务设施而言，以床位数扩容为诉求的设施扩容与局促的用地存在矛盾，成为当前华东各省市养老服务设施建设的难点之一。

第二，多元化市场为银发产业发展带来契机。华东地区作为我国市场经济活跃的地区，养老服务受经济因素影响更为深刻。同时，由于该地区较早进入老龄化，各类银发产业有着良好的市场需求基础，市场需求在华东地区呈现出多元化的特征。

第三，老年人口增长较快且受外来人口影响。作为先发地区之一，华东地区各省市的老龄化水平受外来人口影响较大。一方面，该地区是我国最早进入老龄化社会的地区，户籍人口老龄化水平已相当严重；另一方面，当前常住人口的老龄化水平受外来人口影响较大，而随着该地区产业转型与人口红利的减弱，未来一段时间内，外来人口的规模、年龄构成与留居比重将发生较大变化，对养老服务设施的配置将产生较大的影响。

第四，对床位数要求缺乏明晰而刚性的规范指导。纵观各类规范，针对床位数的要求比较模糊，缺乏明晰而刚性的规范指导，后续规划中某些数值的选取将难免主观。当前，各省市大多仅对地区级以及居住区级的养老服务设施提出了床位数要求，社区级标准缺失，所以很难计算不同级别养老服务设施的床位数的理想达标数值。

第五，现有社会化养老机构经营不稳定。在社会化养老模式下，养老机构受到市场的冲击，往往面临停办、关闭、拆迁、注销的困境，对养老服务设施提供长期、稳定的服务产生不利影响。

3. 华南地区

（1）已有规划

①珠海市

规划目标：到 2015 年，全市（除香洲区外）基本实现 90% 的老年人在社会保障体系和服务体系支持下通过家庭照顾养老，7% 左右的老年人可由社区提供日间照料和托老服务，3% 的老年人可入住养老机构的"9073"社会养老服务格局。香洲区基本实现 90% 的老年人在社会保障体系和服务体系支持下通过家庭照顾养老，6% 左右的老年人可由社区提供日间照料和托老服务，4% 的老年人可入住养老机构的"9064"社会养老服务格局。基本实现全市（除香洲区外）每千名户籍老人拥有机构养老床位数 30 张，香洲区实现每千名户籍老人拥有机构养老床位数 40 张。

规划亮点：建立"劳务储蓄"等方式，鼓励低龄健康老年人为高龄老年人服务，推动志愿者为老服务的普遍开展；依法明确和规范养老服务机构与服务对象的权利与义务，鼓励商业保险企业对养老服务机构设立意外责任险，建立风险分担机制，保障老年人合法权益，降低养老服务机构运营风险。

②三亚市

规划目标：到 2015 年年末，争取全市 30% 的城市社区、15% 的农村社区建立居家养老服务中心，形成市、区（镇）、村（居）社区三级养老服务网络，养老服务床位力争超过老年人总数的 3%，农村五保集中供养率达 50% 以上。至 2015 年年末，每个镇要建立一所集生活照料、保健康复、精神慰藉、文体娱乐为一体的敬老院，市中心要建设一所拥有 300 张床位，集生活照料、保健康复、文体娱乐和认证培训多功能于一体，具有示范作用的综合性社会养老服务指导中心。

规划亮点：探索建立异地养老医疗保障制度，方便老年人异地就医。

③柳州市

规划目标：建立"9073"的养老模式，按照以居家养老为基础、社区养老为依托、机构养老为补充的模式，90% 的老人依靠居家养老、7% 的老人依靠社区养老、3% 的老人依靠机构养老。按照每千名老年人拥有机构养老床位数达到 30 张，加强各类养老服务设施建设，增加养老床位，到 2015 年，全市拥有社会养老床位总数达到 15000 张以上。居家和社区养老服务基本覆盖 100% 的城市社区和 30% 的农村社区，到 2015 年要完成 204 个居家养老服务点。

规划亮点：结合"大型养老服务集中区"概念，在市社会福利院现址启动 10 万 m² 养老集中区项目，建设一所综合性社会福利机构，兼顾有"三无"老人供养、重度残疾老人托养中心、老年康复中心、老年人服务中心、老年人活动场所等功能的大型养老服务集中区。项目建成后，将成为广西地级市规模最大的一家养老服务中心，可向社会提供养老床位 2200 张，不仅可提升养老服务水平，而且对全市养老服务业的发展将起到示范引领作用。

（2）主要特点

第一，华南地区养老服务设施建设与粤港澳、闽侨台的跨区域合作成为亮点，为养老产业多元化发展提供新的机遇。第二，华南地区在土地供给、志愿服务、职业化服务等方面展开积极探索，强化近期实施、工程抓手和政策保障。第三，由于该地区外来人口众多，对于外来人口的异地养老问题尚未提出明确的解决方案和指导意见。第四，海南等地应对旅游疗养型养老服务设施建设的针对性措施尚有待完善。

4. 华中地区

（1）已有规划

①武汉市

规划目标：大力推行养老服务社会化进程，努力适应老龄化发展趋势，通过市级国办、区级国办、社会办、农村区域性中心福利院、居家养老服务中心（站）等养老机构和养老服务设施的建设，积极构建"五位一体、城乡统筹"养老服务体系。争取到"十二五"末期，全市实现"9055"的养老服务格局，即：全市 90% 的老人在家庭养老、5% 的老人在社区养老、5% 的老人在机构养老。到 2015 年年底，全市城乡养老机构床位总数超过 8 万张，其中市级国办养老机构 0.5 万张，区级国办养老机构 0.8 万张，农村福利院 1 万张，社会办养老机构 4.8 万张，居家养老服务中心（站）床位 1 万张，实现城乡每百名老人拥有 5 张床位的目标。

规划亮点：大力推行和探索"养医结合、康护一体"及城镇老人到农村进行"候鸟"式养老的新模式，推进全市养老城乡统筹发展。

②洛阳市

规划目标："十二五"期间，洛阳将建立"以居家养老为基础、社区服务为依托和机构养老为支撑"的养老服务体系，其中，90% 的老年人通过自我照料和社会化服务实现居家养老，7% 的老年人通过社区机构照料实现社区养老，3% 的老年人入住养老机构集中养老。每千名老年人要拥有 30 张床位。

规划亮点：要建成市、县（市、区）、乡（街道）三级"12349"养老服务呼叫网络服务中心，为老年人提供便捷实用的养老社会化信息服务。

③长沙市

规划目标：实现每 100 名老人拥有 3 个以上床位。到十二五期末建立起政府主导、社会参与、设施完善、管理规范、覆盖城乡的多层次、多样化养老服务体系，形成具有长沙特色的"9073"养老格局：即90%的老人在社会化服务协助下通过家庭照顾养老，7%的老人通过社区照顾和政府购买服务实现社区居家养老，3%的老人通过入住养老服务机构集中养老。

规划亮点：编制并实施长沙市养老服务机构布局规划，加快建设以养老服务为主要功能的区县社会福利服务中心，依托乡镇敬老院，建设一批农村社会福利服务中心，扶持一批不同规模的民办养老机构，力争到十二五期末全市机构养老达到3万多张床位。建成400家居家养老服务中心（站），力争到十二五期末实现农村服务全覆盖。

（2）主要特点

第一，河南养老综合体建设成为规划亮点，集养老、娱乐、学习、医疗、康复于一体。第二，东部产业转移引发劳动力回流，对城市地区居家养老服务设施建设提出新的要求。第三，华中地区三个省的老龄化程度都较高，未来城镇化发展将会进一步加速，较为注重城乡一体化发展。第四，武汉的信息化建设处于全国领先的水平，有望在养老方面有新的突破。

5. 东北地区

（1）已有规划

①营口市

规划目标：到2015年基本达到每千名老人拥有各类养老床位数30张，实现基本养老服务全覆盖。

规划亮点："十二五"期间，全市新建或改建一座建筑面积为4000m^{2}的市老年活动中心，届时市老年活动中心将成为集文化娱乐、教育培训、咨询服务等多种功能为一体的综合性现代化养老服务设施。各市（县）、区要建设建筑面积不低于1000m^{2}的综合性、多功能的老年服务机构和设施。各乡（镇）、街道要有建筑面积不低于300m^{2}的老年服务中心，各村、社区要有建筑面积不低于100m^{2}的老年服务站点。

②齐齐哈尔市

规划目标：建立健全县、街道、社区三级居家养老服务网络，到2015年，居家养老服务网络实现社区和中心村全覆盖。全市90%的老年人实现家庭照料养老、7%的老年人实现社区居家养老。"十二五"期间，新建百张以上床位民营养老机构5家，全市养老机构养老床位总量达到2.9万张，全市3%的老年人实现入住养老机构集中养老。在现有养老机构中，至少要培育建设1所集生活照料、医疗康复、老年大学、认证培训、文体娱乐等多种功能于一体的、有示范作用的市级大型综合性养老机构，各县（市）区至少培育建立1所县级综合性养老服务机构。

规划亮点：2011年，齐齐哈尔市被世界卫生组织、全国老龄办共同评选为全国首个"国际老年友好型城市"。把老龄产业纳入经济社会发展总体规划，列入省扶持行业目录。制定出台引导老龄产业发展的各种优惠政策和配套措施，采取信贷支持、减免费用等特殊政策，扶持尚在起步阶段的老龄产业。贯彻落实国家相关税收优惠政策，积极鼓励、引导和规范个体私营和外资等非公有资本参与老龄产业的发展。

③长春市

规划目标：在"9073"格局的基础上，享受社会化养老服务的老年人数要在"十一五"期间10%的基础上继续提高，在社区照顾养老人数要在47000人的基数上继续扩大，养老床位数也要在17597张的基数上继续增加。

规划亮点：按照"每个城市社区至少配备3～5名养老服务员，每个村配备1～2名养老服务员"的要求，逐步配齐城区和农村养老服务员。并通过岗位培训和评比等措施，打造一支过硬的为老服务义工队伍和志愿者服务队伍。

（2）主要特点

东北地区人口老龄化的快速发展与家庭小型化、空巢化相重叠，与工业化、城镇化相伴随，与经济转型、社会转轨的变化相交织，老年人口社会抚养负担将进一步加重，急剧增长的社会养老需求与老龄事业发展滞后的矛盾将日益突出，老年社会保障和社会养老服务体系的建设任务将更加艰巨。此外，东北地区已出现候鸟型养老模式，对养老服务设施的规划和布局产生影响。

6. 西北地区

（1）已有规划

①西安市

规划目标：到2015年，全市养老床位将达到3万张以上，每千名老年人拥有的社会养老机构床位数达到35张。

规划亮点：在城镇社区建设居家养老服务中心（站），城市街道和社区实现居家养老服务网络全覆盖。80%的乡镇和50%以上的农村社区建设集院舍住养和社区照料、居家养老等多种功能于一体的综合性老年福利服务中心，在村委会和自然村建设老年人文化活动和服务站点，逐步形成覆盖区（县）、街道和社区（村）的居家养老三级服务网络。

②乌鲁木齐市

规划目标：以基本养老、基本医疗和最低生活保障为重点建立健全老年社会养老保障体系、老年健康支持体系、老年服务体系、老年宜居环境体系和老年群众工作体系。到2015年，各区（县）至少要建有1所以养老服务为主，集生活照料、医疗康复、文体娱乐等功能为一体的综合性社会福利机构。全市养老机构床位数增加到1.2万张左右，达到每千名老年人拥有床位30张。

规划亮点：考虑南疆地区和新疆其他地区老人来乌鲁木齐养老的意愿，适度放大部分养老目标，打造为全疆服务的养老服务设施基地。在老年医疗卫生服务方面，将依托基层医疗卫生机构，开展老年人医疗、护理、卫生、保健、健康监测等服务，为老年人提供居家康复护理服务。基层医疗卫生机构要为辖区内老年人建立健康档案，建档率力争达到100%。

③兰州市

规划目标："9073"养老模式：居家养老、社区日间照料和机构养老的人数比例达到90∶7∶3；居家养老服务覆盖人数达到30万人，直接服务对象达到10万人。到"十二五"末，兰州市基本形成以居家养老为基础、社区养老为依托、机构养老为支撑，资金保障和服务匹配相结合的社会养老服务体系。全市城区和城镇居民集中居住地区全面推行虚拟养老院服务模式。60%的城市社区建有老年人日间照料中心；乡（镇）政府所在村（社区）和50%的行政村（社区）建立老年人日间照料中心（农村互助老人幸福院）。新增养老床位13万张，每千名老年人拥有养老床位数达到30张。

规划亮点：全面建立"虚拟养老院"的服务模式，进一步规范服务方式和内容，提升服务水平和服务平台科技含量，努力拓宽服务半径和服务对象的范围。以网络通信平台和服务系统为支撑，采用政府引导、企业运作、专业服务人员服务和社会志愿者、义工服务、社区服务相结合的方式，为全区老年人提供服务。

④银川市

规划目标：以满足中低收入老年群体基本养老服务需求为基础，以社区居家养老服务站和老年人活动中心、老年人日间照料中心、老年公寓和护理型养老机构建设为重点，加快推进养老服务社会化、专业化、标准化建设，逐步形成投资主体多元化、服务层次多样化、服务供给社会化、服务队伍专业化和运行机制有序、服务良好、监管到位、可持续发展的社会养老服务格局。到"十二五"末，力争全市养老机构床位数达到7500张，基本实现每千名老人拥有床位30张的目标。

规划亮点：在农村推行互助养老幸福大院建设，市、县（市）区建立起居家养老信息服务平台，实现机构养老和居家养老服务信息化管理的发展目标、建设任务、优惠政策和保障措施。

⑤青海省西宁市

规划目标：基本建立起以居家养老为基础、社区服务为依托、机构养老为支撑，资金保障与服务提供相匹配，无偿、抵偿和有偿服务相结合的社会养老服务体系。

到 2015 年，西宁市每千名老年人拥有各类养老床位数达到 30 张以上，农村五保户集中供养率超过 40%，力争达到每个社区有一个老年日间照料中心，每两个乡镇拥有一所敬老院。

规划亮点："十二五"期间实现全市城区 102 个社区老年日间照料中心全覆盖，在部分老年人较多的城镇和农村社区建设一批农村互助养老服务设施的目标。

（2）主要特点

西北地区整体上养老服务设施建设落后，尤其是部分未进入老龄化社会的省份严重缺乏养老服务设施。在城镇化水平偏低的区域，农村人口老年人占比相对较大，应通过财政支付转移政策来解决近期严重的乡村老人无人赡养等问题。落后地区应积极争取中央专项资金，解决突出的机构养老服务设施缺乏等问题。

7. 西南地区

（1）已有规划

①重庆市

规划目标：养老床位总数为 19 万张，实现全市每千名老年人拥有机构养老床位数不低于 30 张，其中民办养老机构新增床位 6 万张，率先在西部地区建立与经济社会发展水平相适应的老龄事业发展体系。

规划亮点：养老服务设施配置标准："一院一中心"，"一社区一所"，"一乡镇一卫生院、一街道一中心"。各区县（自治县）建设 1 所标准化老年大学，对社会办养老机构获得 ISO9001 质量管理体系认证和具有示范性的，当地政府应给予适当奖励。具有本市户籍的就业困难群体（包括城镇登记失业人员中的"4050"人员、城镇失业残疾人、三峡库区移民、城镇"低保户家庭"和"零就业家庭"中的失业人员等）与本市社会办养老服务机构（包括社会办居家养老服务组织及养老服务专业公司）签订 1 年以上劳动合同，从事养老护理工作，并按规定缴纳了社会保险费的，可按国家规定享受社会保险补贴和岗位补贴。完善异地就医管理服务，探索建立参保地委托就医地进行管理的协作机制。

②成都市

规划目标：成都将形成"9073"的养老格局，即：90% 的老年人通过自我照料和社会化服务实现居家养老；7% 的老年人通过社区机构照料实现社区养老；3% 的老年人入住养老机构集中养老。根据《成都市养老服务设施布局规划（2011—2020 年）》，到 2020 年，成都全市共规划机构养老服务设施 395 处（现状保留 159 处），总面积 11709 亩，床位约 21.7 万张。基本保障型养老机构床位原则上不能少于 30 张。中心城区（五城区，含高新区）规划机构养老服务设施共 83 处（现状保留 3 处），床位约 5.5 万张，总面积扩大两倍多，10 年内养老机构新增床位 17 万张。力争到"十二五"末，乡镇（街道）老年服务中心和城市社区老年服务站覆盖面达到 100%，村老年服务站覆盖面达到 80%。将社区养老服务设施纳入居民区配套设施规划建设，充分利用社区服务平台推动社区养老服务，整合社区服务资源，增强社区养老服务功能。

规划亮点：对设施配置标准予以明确。基本保障型养老机构床位数为 50 ~ 500 张，特殊情况可超 500 张，原则上不低于 30 张。机构养老服务设施床位综合建筑面积要在 30 ~ 40m²。居住区服务中心按旧城不小于 1000m²、新区不小于 1200m² 建筑面积的要求，配套不低于 10 张床位的养老服务设施用房。社区养老服务设施原则上不单独占地，可与其他公共服务配套设施合建或叠建。大型、高端养老机构将重点布局二三圈层区（市）县。对 2013 年年底前确定的社会化养老机构建设项目用地，将优先安排年度用地计划指标。对基本保障型养老机构建设项目用地，供地价格原则上不低于土地整理成本；对大型综合型养老机构建设项目用地，按照挂牌价优先供地；对通过招商引资新建的特别重大养老机构建设项目用地，可采取政府"一事一议"的方式研究解决。

③昆明市

规划目标：2020 年形成以"家庭养老为基础、社区服务为依托、机构养老为补充，各类养老服务机构协调发展，多种养老方式相互补充，各类社会建设力量相协助"的老年人设施体系。近期 2015 年，"92-5-3"的目标：约 92% 为家庭养老，约 5% 为社区居家养老，约 3% 为机构养老。远期 2020 年，"85-10-5"的目标：约 85% 为家庭养老，约 10% 为社区居家养老，约 5% 为机构养老。

规划亮点：提出分阶段设施配置标准。近期，按城市居住人口 1 万人 /60 床的标准设置机构养老服务设施床位，即满足 3% 的城市老年人口对机构养老的需求；远期，按城市居住人口 1 万人 /100 床的标准设置机构养老服务设施床位，即满足 5% 的城市老年人口对机构养老的需求。

（2）主要特点

西南地区经济落后和老龄化现象的总体严重性导致了"未富先老"现象出现，使老年人口负担系数明显加大，直接增大了社会保障和公共财政的支出压力，进而影响了社会的稳定性。

由于青壮年外出打工者较多，导致劳动力外流现象严重和老龄化加速，改变了传统的家庭养老方式，更加需要社会性养老方式的加入，而当前的养老模式和体系还存在很大的不足，社会性养老压力较大。

7.1.3 分地区养老服务设施规划实施与建设情况（表 7-4）

分地区设施建设特征汇总表 表7-4

地区	已有规划实施及措施特征
华北	北京：养老用地实质性纳入国有建设用地供应规划。 天津：建立集日间照料、生活护理及精神慰藉等服务于一体的"天津养老服务云平台"。 河北：首创"三院合一"的农村社会互助养老模式
华东	上海：首创以电子商务和养老相结合的消费养老模式；首个老年教育"十二五"规划。 江苏：苏州试点废旧厂房改建养老服务设施；昆山老城更新中采取多点加密、小点布局的设施布局模式；建立"居家养老服务网"和"虚拟养老院"。 浙江：明确养老机构类型规划与分类管理目标；杭州首创的《居家养老服务与管理规范》被确定为国家标准颁布实施
华南	广东：粤港澳跨区域养老产业合作模式；推进政府购买服务，改革社会组织登记管理。 海南：以疗养院和养老地产项目建设为主的满足候鸟型养老模式需求的设施建设
华中	河南：养老综合体建设，集养老、娱乐、学习、医疗、康复于一体
东北	黑龙江：老工业基地城市齐齐哈尔被评为首个"国际老年友好型城市"。 辽宁：依托现有的福利院、农村中心敬老院的资源建设托管机构
西北	甘肃：养老信息化平台建设——虚拟养老院工程
西南	四川：成都利用街道、社区闲置资源建设"微型养老院"

7.1.4 国内养老服务设施空间规划发展趋势

1. 规划的一般性内容

当前养老服务设施规划主要以构建养老服务设施为核心，主要内容包括以下几个方面。

（1）养老现状分析

养老现状分析主要包括：老年人口现状（60岁及80岁老年人的城乡分布）、养老服务设施建设情况（机构、社区、为老等养老服务设施）及养老保障政策。其中，老年人口数据尽量以社区（村）为单位进行统计，有利于对现状老年人口分布的掌握和进行近期养老服务设施的布局。

（2）养老服务需求分析

养老服务需求分析一般包括以下几个方面。

①老年人口规模预测

老年人口规模是影响养老服务设施床位数配置总量的一个重要因素。老年人口规模可结合未来居住区分布进行预测，在数据精度允许的情况下，尽量以社区（村）

为单位进行预测，有助于养老服务设施布局符合老年人口分布特点。

②养老模式和服务需求确定

目前，我国大部分地区规划确定的养老模式都符合我国民政部所提出的"以居家养老为基础，社区服务为依托，机构养老为补充"的理念。我国现状养老模式多以家庭养老为主，需要向社会化服务提供的自助式居家养老转变，满足居家养老的老人（自理老人为主）需要。同时，由社区老年人日间照料中心提供服务，满足介助老人养老需要。而机构养老服务设施则要满足享受福利待遇的老人和需专人照料的介护老人的需要。养老模式一般都确定了依靠家庭养老、社区养老以及在养老服务机构集中养老三类老年人的比例，如北京市确立了在 2020 年实现"9064"的养老发展目标，即到 2020 年，90% 的老年人在社会化服务协助下通过家庭照顾养老，6% 的老年人通过政府购买社区照顾服务养老，4% 的老年人入住养老服务机构集中养老。

③不同类型的老年服务需求

即根据养老服务设施的覆盖人群（包括保障类老人和福利类老人）进行养老服务设施需求量分析。如保障类老人主要是指介护老人，而养老院的主要服务对象是介护老人，进而根据相关要求和资料推断出所需的养护型床位数。

④养老产业发展前景分析

养老产业是随着财富阶层的增加和人口老龄化以及人口年龄结构的转变，为满足这样一些人群的需求而出现的新兴产业。是指为有养生需求人群和老年人提供特殊商品、设施以及服务，满足有养生需求人群和老年人特殊需要的、具有同类属性的行业、企业经济活动的产业集合；是依托第一、第二和传统的第三产业派生出来的特殊的综合性产业，具有明显的公共性、福利性和高营利性。

（3）养老服务设施布局规划

从类型上看，养老服务设施布局一般包括机构养老服务设施、社区居家养老服务设施、为老服务设施和老年社区四方面的布局。其中，机构养老服务设施主要包括：养老院、养护院等；社区居家养老服务设施主要为社区日间照料中心；为老服务设施主要包括：老年专科医院、老年文体活动中心、老年大学及无障碍设施等；老年社区主要包括混居老年社区和独立养老社区。

从规划内容上看，养老服务设施布局一般包括总床位数指标、设施配置标准、设施具体用地范围等内容。养老服务设施在建设上，主要有混合和独立建设的方式。

从时序上看，养老服务设施布局可能包括：远期规划、中期规划和近期规划。远期和近期规划在内容上差距不是很大，重点解决养老服务设施的布局问题，只是两个阶段所关注的重点不同。远期规划结合城市总体规划等信息，强调可持续性和全面性发展，而近期规划主要结合现状急需解决问题和指标任务，有序执行远期规划内容。近期规划一般需要依据现状养老服务设施进行建设，能够保留的尽量保留，可以改建的尽量改建。

（4）实施措施与政策保障

为保障养老服务设施的有效实施和老年人权益的维护，一般规划中都需要制定有关实施措施和政策保障，其内容主要包括以下几个方面：依托控制性详细规划逐步落实、建立健全第三方评估机制以完善老年护理评估体系、搭建行业管理体系、加强养老服务队伍建设、完善养老志愿服务机制、制定养老保险和养老产业发展相关政策等内容。

2. 规划研究关注重点

（1）突出地区特点研究

我国地区间的人口结构与养老服务环境存在较大差异，养老服务设施规划应注重加强本地区特征的研究，以下以不同地区劳动力输入与输出现象进行说明。

重庆市和四川省的老龄化现象严重，外来人口占很小的一部分，广州市尽管老年人口基数大，但总人口规模较大且外来人口较多（多为青壮年务工人员），所以老龄化现象（常住人口）反而并不是很严重。

重庆市和四川省的农村青壮年劳动力外流现象（主要指劳动力的跨省输出）较为严重，导致农村独居老人数量较多，而当地农村年轻人向本地区城市集聚更进一步加剧了农村养老问题的严峻性。为此，在规划中要充分考虑农村老年人口的分布，积极推动城乡医疗卫生资源均等化，保障老年人最基本的养老服务水平，同时还需要通过养老服务集中化处理办法提高养老服务布局优化及其经济性（图7-3、图7-4）。

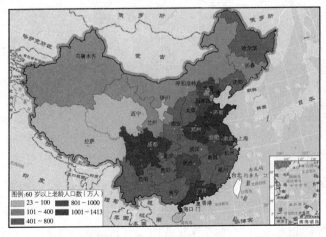

图7-3　60岁及以上老年人口数量和比重各省分布图（六普）（一）

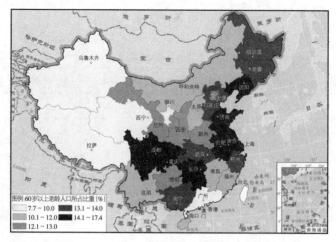

图 7-3 60 岁及以上老年人口数量和比重各省分布图（六普）（二）

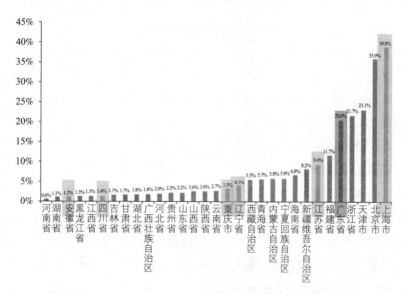

图 7-4 居住在本省、户口登记地在外省所占比重统计图（六普）

（2）体现经济水平与土地利用上的差异

当前，我国处于快速城镇化发展阶段，部分地区土地资源出现严重紧缺的现象，各地区经济发展水平有着较大的差异。从养老服务的硬环境建设来说，资金和土地资源支持起着十分关键的作用。

在诸如苏南经济发达的地区，养老资金相对充足，可以较高层次地提高养老服务水平，大力发展养老产业，满足高端人群养老服务需求。在西北和西南地区，由于经济发展水平较为落后，养老专项资金不足，但土地资源相对充足，可以采取在气候和环境较好的地方重点建设养老基地，对农村地区采取集中养老或"虚拟社区"

式养老，以较为有限的资源达到最大化的利用。

北京市社区养老服务设施建设标准 表7-5

分区		养老床位配置标准（床/百人）	养老床位总需求（万床）
中心城	旧城	2.0～2.5	0.41～0.50
	中心地区边缘集团	3.0～3.5	5.39～6.81
	绿化隔离地区	4.0～4.5	0.43～0.47
	小计	—	6.24～7.78
中心城外	新城	4.0-4.5	6.40～6.94
	乡镇和农村地区	4.0	3.06～3.32
总计		—	15.69～18.04

在土地利用上，可以从设施用地配置标准上进行差异化制定，这主要体现在两个方面，即不同地区间和同地区但处于不同发展水平的设施用地配准标准。如在经济发达地区，因为土地资源的紧张，可适当提高养老服务设施容积率并增强建设质量水平。北京市机构养老服务设施床位数按照不同地区进行配置，体现了分区差别化发展（表7-5）。

（3）体现城乡统筹发展需求

养老服务设施的城乡统筹发展包含多个方面：养老服务资源共享、城乡居民社会养老保险的统筹、养老医疗的城乡统筹等。如重庆市在为老服务设施规划上采取了基本医疗服务网点建设计划，即推动城乡医疗卫生资源均等化，建成1000个标准化乡镇卫生院和社区卫生服务中心、10000个村卫生室，方便老年人就近就医；武汉市大力推行和探索"养医结合、康护一体"及城镇老人到农村进行"候鸟"式养老的新模式，推进全市养老城乡统筹发展。

（4）关注设施布局科学性研究

目前，全国很多地区都在进行养老服务设施的空间布局规划，除了重点关注的服务设施均等化、配置标准合理性外，还要加强服务设施布局的科学性研究，如将养老服务设施布局与老年人"15min"服务圈紧密结合起来，全盘考虑。如果单独进行老年人"15min"服务圈建设，可能会导致养老服务设施布局和服务圈建设脱节，一种处理办法是先进行养老服务设施选址适宜性评价，再以此为基础进行养老服务设施布局和老年人"15min"服务圈规划。另外，还可以探索利用GIS空间分析、Voronoi图以及基于GPS的老年人行为特征等研究提高养老服务设施布局的合理性。

（5）体现社会化养老形式的多样性

社会化养老服务是养老服务体系建设中非常重要的一个部分，体现了未来养老趋势，即由家庭养老向社会养老的转变。在养老服务设施规划中要鼓励多种形式的社会化养老服务参与。另外，当前我国老龄化形式较为严峻，单靠政府、社会部分公众力量的参与，还难以解决，需要通过一些特色化服务开展提升现有资源的利用效率，如进行"候鸟"式养老、虚拟社区养老、"喘息服务"和农村"幸福院"行动。

"候鸟"式养老是一种特殊的养老生活，是像鸟儿一样随着气候变换选择不同的地域环境养老，就是随着季节变化，选择不同的地方旅游养老。作为一种新型的养老方式，候鸟式养老越来越受到各方的关注。

虚拟养老院是当前充分利用信息化平台组建网络，开展养老服务的形式。如兰州市城关区提出了在"十二五"期间实现建立"双五三百两千"的"虚拟养老工程"，即通过五年时间，建立50个虚拟养老餐厅、50个虚拟养老医疗站、100所虚拟养老学校、100个虚拟养老艺术团、100个虚拟养老体育协会，发放2000部老人专用电话，到"十二五"末实现共10万人入住虚拟养老院的目标。自运行以来，已有5万多名老人纳入服务范围，1.2万名老人直接享受了养老服务。逐步建立起了"政府主导、社会参与、市场运作"的居家虚拟养老服务模式，形成了"投资多元化、运作市场化、管理规范化、服务人性化、队伍专业化"的城区居家养老服务体系，将在兰州市全面推广。

浙江省杭州市西湖区针对失能老人家庭开展"喘息服务"，对不同等级失能老人的家庭成员分别实施一年5天到4周不等的长期照护服务，包括"上门"和"机构"两类，以缓解家庭成员照护压力。

邯郸市肥乡县实行农村"幸福院"行动，即村委会利用集体闲置或租用农户闲置房产建院，老人本着子女申请和自愿原则，与村委会签订协议后入住。村集体负责承担或与入院老人家庭共同承担水、电、暖等日常运转费用，老人的衣、食、医由本人和子女保障。院内不配备服务人员，实行入院老人之间的互助。政府给予一定资助，制定优惠政策，组织开展培训，进行管理服务指导。

3. 注重养老服务信息化发展

《社会养老服务体系建设规划（2011—2015年）》提出：以社区居家老年人服务需求为导向，以社区日间照料中心为依托，按照统筹规划、实用高效的原则，采取便民信息网、热线电话、爱心门铃、健康档案、服务手册、社区呼叫系统、有线电视网络等多种形式，构建社区养老服务信息网络和服务平台，发挥社区综合性信息网络平台的作用，为社区居家老年人提供便捷高效的服务；在养老机构中，推广建立老年人基本信息电子档案，通过网上办公实现对养老机构的日常管理，建成以网络为支撑的机构信息平台，实现居家、社区与机构养老服务的有效衔接，提高服务效率和管理水平。目前，各地区养老服务设施规划对养老服务信息化发展均有所要求，其中以武汉、天津、上海的发展较为突出。

养老信息化建设中基于云计算的服务平台是未来的一个重要发展方向，以"天津养老服务云平台"为例作说明。2011 年由天津市养老院与天津市电子计算机研究所共建"天津养老服务云平台"，首度推出了"敬老通"服务，并开始向市养老院住养老人的家属免费推广使用。"天津养老服务云平台"是以先进的云计算技术及现代化通信为手段，集日间照料、生活护理及精神慰藉等服务于一体的社会养老服务信息管理平台。"敬老通"属天津养老服务云平台的一项重要功能，它以短信的方式将老人在院的健康状况、生活情况、院方为老人所作的服务、院方动态和重要通知等直接发送到家属的手机上，使家属及时、方便、全面了解老人住养的情况。同时，家属也可以通过短信互动，向院方反馈相关情况，实现老人、养老服务机构、老人家属之间零距离沟通。

7.2 适老化城乡规划编制内容

考虑到老龄化发展趋势对城乡人口结构、城镇化进程、产业结构、交通与居住模式、公共设施、公共空间等带来的影响，按照城乡规划编制体系层层落实相关养老要素。城市总体规划要引导城市空间向适老化转型、落实老年友好型指标体系，科学预测养老模式，提出城乡养老服务设施建设目标和策略，重点统筹布局城乡养老服务设施；控制性详细规划要将老年友好型指标体系和养老服务设施作为强制性指标，明确配建标准和服务半径；修建性详细规划重点落实宜老社区指标和注重社区养老服务设施、老年建筑等规划布局和设计；村庄规划重点解决乡村社会养老服务设施布局和设计。

7.2.1 城镇总体规划

城镇总体规划编制分为市域城镇体系规划和中心城区规划两部分内容(表 7-6)。

城镇总体规划的养老要素规划任务   表 7-6

规划内容	规划任务
养老模式和目标	1. 预测老年人口的数量和增长速度，确定相应的城镇化发展战略和人口发展策略； 2. 明确区域养老模式和目标； 3. 对无障碍出行、适老化居住空间与公共开敞空间等方面提出老年友好型的城市空间环境建设策略
机构养老服务设施	1. 确定机构养老服务设施的建设比例和建设标准； 2. 综合布局养老机构用地

规划内容	规划任务
社区居家养老服务设施	1. 确定混合居住型宜老社区、集中居住型宜老社区的建设比例和建设标准； 2. 综合布局老年养老社区用地
老年公共服务设施	1. 确定各类养老服务设施的需求，提出不同区域（各行政区县）、不同层级（市级、区县级、居住区级和社区级）年公共服务设施的规划功能定位、发展目标及设施配置标准； 2. 结合老龄化发展态势，合理布局城乡各类公共服务设施； 3. 对居住区、社区级老年公共服务设施提出布局要求
老年公共活动空间	1. 结合社区养老服务设施、机构养老服务设施布点，布局各类城市广场、公园、生态绿地等公共活动场所，兼顾老年人就近活动； 2. 对老年人专用类公共活动空间提出布局要求
老年交通设施	1. 制定城镇老龄化交通发展的总体目标和宏观策略； 2. 对城镇不同地区的人口老龄化水平进行分区，以各分区老龄化程度的高低为依据，提出老龄化交通发展的分区指引，明确城市不同地区的老龄化交通设施供应水平、建设标准等； 3. 制定老龄化社会交通发展政策与保障措施

市域城镇体系规划部分主要涉及三部分内容：①老龄人口预测和城镇化战略；②根据区域发展情况，明确区域养老模式和目标，以及各类养老服务设施的布局原则和建设标准，可根据区域实际情况，分区指引；③研究建立区域协调下养老服务设施共享的制度性问题，例如社保、医保通用制度及对应的财政转移支付机制。

中心城区规划部分主要涉及以下内容的规划研究：①科学预测老年人口的数量和增长速度，并确定相对应的城镇化发展战略和人口发展策略，并从无障碍出行、适老化居住空间与公共开敞空间等方面提出老年友好型的城市空间环境建设策略。②根据预测的老年人口发展趋势，确定城市和乡村地区养老服务设施建设目标、建设规模；制定分区域的养老模式比例和养老服务设施建设标准。③研究确定机构养老服务设施的空间布局，以及社区和居家养老服务设施的布局原则。④合理确定为老服务设施的服务半径，并确定老年专科医院、老年大学、老年文体中心等的空间布局。⑤考虑无障碍交通系统设计，交通设施的发展目标、发展策略以及供应水平、建设标准应充分考虑老龄人群需求，保证不同区域范围内的老年人能够在身体允许的情况下便利出行。⑥研究确定养老服务设施的分期建设计划。

7.2.2 控制性详细规划

在控制性详细规划层面的养老要素规划应强调对总体规划的落实，主要涉及用地控制、指标落实和指导操作三个方面的内容，通过地块的控制性或引导性指标，指导设施建设（表7-7）。

控制性详细规划的养老要素规划任务		表 7-7
规划内容	规划任务	
机构养老服务设施	明确机构养老服务设施类型、人口容量和其他用地控制要求	
社区居家养老服务设施	1. 划分宜老社区的基本居住单元； 2. 制定宜老社区的用地控制要求； 3. 确定托老所、日间照料中心、老年活动室等社区老年公建设施的配建标准	
老年公共服务设施	1. 明确大型养老服务设施地块的位置、边界形状、建设规模、设施要求； 2. 加强片区级、社区级各类老年公共服务设施能够覆盖服务半径、布局结构的研究	
老年公共活动空间	对城市广场、公园、生态绿地等公共活动场所提出符合老年人出行特征的规划设计要求	
老年交通设施	1. 落实规划范围内老龄化交通设施的布局、用地、规模等，并纳入规划控制管理体系； 2. 对路网结构与密度、道路红线宽度、道路交叉口形式与规模、公交线网与站点布设、慢行过街设施布局、稳静化交通设施布局、停车设施、道路与场地竖向设计等交通要素提出规划控制要求	

具体内容包括：①落实老年友好型指标体系，确定各类养老服务设施的位置、边界形状、建设规模、建设标准、服务容量等指标。②确定社区老年住宅配建比例、社区老年公共设施配建标准。③落实老龄化交通设施的布局、用地、规模等，并纳入规划控制管理体系；对路网结构与密度、道路红线宽度、道路交叉口形式与规模、公交线网与站点布设、慢行过街设施布局、稳静化交通设施布局、停车设施、道路与场地竖向设计等交通要素提出规划控制要求。④合理确定为老服务设施的服务半径，确定老年专科医院、老年大学、老年文体中心等的空间布局；明确老年医疗卫生、教育、文体等设施的位置、边界形状、建设规模、设施要求等；对城市广场、公园、生态绿地等公共活动场所提出符合老年人出行特征的规划设计要求。

此外，考虑当前老龄化趋势下社区养老服务设施用地需求，建议新增小类老年人公共服务设施用地，主要包括：老年活动中心、老年服务站、托老所、日间照料中心等。

7.2.3 修建性详细规划

修建性详细规划直接用来指导各项建筑和工程设施设计，规划应结合设施建设要求，提出面向老年人群的相关养老服务设施建筑、公共活动空间、交通设施等的设计要求。在修建性详细规划阶段，重点落实宜老社区指标，把日间照料中心、托老所等社区养老服务设施纳入小区配套建设规划，重点关注各类设施的设计能否满足老年人的基本需求，如设施的无障碍设计、公共空间环境的连续性等；注重能够适应老龄人生活需求的宜居形式的设计要求，如两代居、三代居、亲情社区、老龄社区等（表 7-8）。

修建性详细规划（城市设计）的养老要素规划任务		表 7-8
规划内容	规划任务	
相关设施建筑设计	1. 明确社区老年住宅建筑、养老院、敬老院、公共服务建筑等的设计要求； 2. 对建筑周边的公共活动场所、绿地、道路设施提出符合老年人生理特征、心理特征、行为特征的设计要求	
老年公共活动空间	对公共活动场所内的步行空间、休息空间、植物配置、小品设施等提出设计要求	
老年交通设施	1. 明确提出交通设施通用（无障碍）设计要求； 2. 加强交通指示与引导系统设计； 3. 合理优化人行道等慢行空间以及相关慢行服务设施设计	

7.2.4　村庄规划

村庄规划需要结合城乡统筹规划和新农村建设要求，综合考虑"半城镇化"人口的返乡养老问题和外来人口的候鸟式乡村养老问题。规划应遵循因地制宜的原则，合理布置乡村老年活动中心、卫生室等养老服务设施。设施选址应尽可能位于村庄中心或交通较为便利的位置，建筑设计应充分体现地域乡土风貌特色（表 7-9）。

村庄规划的养老要素规划任务		表 7-9
规划内容	规划任务	
养老服务设施	确定乡村老年服务中心、卫生服务中心、老年活动室、日间照料中心等养老服务设施与其他公共服务设施的共享建设要求和配建标准	
机构养老服务设施	确定乡村老年人集中养老去向和设施布局配建标准	
村庄公共活动空间	提倡适宜老年人活动的设计要求	
老年交通设施	1. 对村庄的老龄化交通设施、交通服务的供应水平、标准提出指导性意见； 2. 优先满足基本的公交服务与无障碍设施建设要求； 3. 优化村庄老年活动设施与乡村居住建筑的道路衔接设计	

7.3　养老服务设施专项规划

7.3.1　规划目标

1. 健全福利化供给的社会养老保障体系

健全覆盖城乡居民的社会养老保障体系，初步实现老年人享有基本养老保障。鼓励先发地区拓展基本养老保障对象范围，社会养老服务需要先满足城乡居民一般养老服务需求，将基本养老保障覆盖到三无五保老人、低收入家庭老人和介护老人的基本养老服务。同时，提高各级敬老院、托老所、城乡社区日间照料中心、养护院等养老服务设施建设标准。

2.建立均等化服务的养老服务设施

建立以居家为基础、社区为依托、机构为支撑的养老服务体系。建设居家养老和社区养老服务网络，近期实现全国每千名老年人拥有养老床位数达到30张。全面推行城乡建设涉老工程技术标准规范、无障碍设施改造和新建小区老龄设施配套建设规划标准。健全老年人基本医疗保障体系；增加老年文化、教育和体育健身活动设施，进一步扩大各级各类老年大学（学校）办学规模。

3.构建多元化供给的基本养老服务设施

构建政府引导与社会参与相结合的基本养老服务体系，按照社会主义市场经济的要求，积极发展老龄服务业。发挥市场的资源配置作用，鼓励多类市场主体和社会组织参与老年社区、老年医院、老年文化活动室等养老公共设施的投资、建设和运营，实现主体的多元化；以市场化手段分类供给高端、中端和基本便民服务的公共设施，提高养老服务设施的利用效率。

7.3.2 规划原则

1.适应性与阶段性原则

根据规划范围内的经济社会发展目标，分阶段建设养老服务设施，近期落实与全面建设小康社会目标相一致的养老服务设施，远期建设现代化的养老服务设施。近期倡导家庭养老与社会养老相结合，构建居家为基础、社区为依托、机构为补充的社会养老服务体系。重点推进机构养老服务设施建设，落实近期覆盖3%的老年人群和远期覆盖5%～8%的老年人群的建设目标。

2.统筹协调与分类建设原则

注重城乡、区域协调发展，加大对农村和欠发达城镇地区的养老政策支持力度，通过财政转移、重点建设等方式加大农村地区、郊区的养老服务设施建设。以满足自理老人、介助老人、介护老人等多种健康状况的老年人养老需要为目标，分类型建设养老服务设施。推进宜老社区建设，满足自理老人生活需要；重点推进社区日间照料中心建设，满足介助老人居家养老需要；积极落实全护理型养护院等养老服务设施建设，满足介护老人需要。

3. 层级化与网络化建设原则

建立"（县）市级—社区（镇）级—基层社区（农村社区）级"的医疗服务设施、文化娱乐设施、教育设施等城乡养老服务设施体系，分层次服务城乡老年人群；充分发挥（县）市级、社区（镇）级、基层社区（农村社区）级养老服务设施的服务作用，构建成网成系统的养老服务设施网络体系。

7.3.3 规划内容

1. 老年人口预测

根据规划范围内现状老年人口的年龄结构、性别结构、空间分布特征，预测老年人口总量和低龄老人、高龄老人等老年人群的城乡分布结构，测算规划期末自理老人、介助老人、介护老人的数量结构和空间分布结构。

2. 养老模式与养老需求预测

根据规划范围内的城乡老年人群空间分布，预测各发展阶段中心城区、镇区和乡村地区的城乡老年人群养老模式，确定社区养老与机构养老的总体结构，预测养老床位数总量。同时，通过问卷调查和国内外养老发展经验对比分析，确定机构养老服务设施中供养型、养护型等养老床位数结构。

3. 养老服务设施规划布局

明确机构养老服务设施、社区养老服务设施和居家养老服务设施的类型和内涵；确定各类养老服务设施的分类分级、建设标准、规划布局、用地范围，以及发展策略和配套政策等。

4. 为老服务设施规划布局

明确老年医疗卫生、教育、文体设施和交通设施、公共空间的适老化发展思路；确定老年医疗卫生、教育、文体等设施的分类分级、建设标准、规划布局、用地范围，以及发展策略和配套政策等；明确老年交通设施的规划原则，确定老年交通设施的分区指引，加强老年人专属的公共活动空间、老年公共服务设施与机构养老服务设施等地区及其周边区域和大型养老社区的公共交通体系和慢行交通通道的建设；明确城市不同地区的老龄化公共交通设施供应水平、建设标准、交通稳静化设计、通用（无障碍）设计、公共交通设施无障碍改造等规划指引。

5. 近期建设规划

明确近期机构养老服务设施、社区养老服务设施和居家养老服务设施以及为老设施的规划建设项目。根据养老服务设施规划总体目标，按年度进行任务分解，确立分期建设目标，并纳入"规划年度实施计划"和"年度土地供应计划"，有效指导年度养老服务设施建设；研究确定保障养老服务设施建设和规划实施的政策措施。

7.3.4 成果要求

与城市（县）总体规划、镇（乡）总体规划、村庄规划、城市近期建设规划等相关规划同步编制的养老服务设施专项规划，应作为相关规划的章节，并纳入其规划成果。

根据城市总体规划单独编制的养老服务设施专项规划，应当包括规划文本、图纸及附件（规划说明书、研究报告和基础资料）。规划文本是对规划各项内容提出规定性要求的文件，主要内容包括：养老服务设施规划的目标和基本原则、养老模式及养老服务需求分析、养老服务设施的配置类型和配置标准、养老服务设施规划布局、近期实施重点与设施布局、规划实施的措施与政策建议等。主要规划图纸包括城乡养老服务设施现状图、城乡为老公共服务设施现状图、城乡机构养老服务设施规划图、城乡社区居家养老服务设施规划图、城乡为老公共服务设施规划图以及近期规划建设图等。

7.4 适老化规划编制技术方法

7.4.1 社会调查方法

社会调查是养老服务设施规划中一个重要的环节，是对研究区域一个较为直接的了解过程。一般的社会调查方法主要包括：问卷法、访谈法、观察法、文献法、专家会议法等。针对目前互联网技术的快速发展以及越来越多老年人使用手机、电脑等快捷通信设备的现象，本研究提出了一种互动式网络社会调查方法，其主要含义为：以网络技术为支撑，采用具有较强互动性的内容设计（如设施点布置），终端可以是电视机、电脑、手机等现代化通信设备，结果以数据库的形式进行存储，易于历史数据分析。

当前，在一些经济较为发达的地区，使用手机与电脑的老年人的数量正在快速增长。可以预见的是，随着人们文化水平的整体提高，未来使用这些科技含量较高通信设备的老年人比重会持续提高。从养老服务设施规划内容与设计要求上而言，传统的问卷调查与访谈很容易陷入一种较为静态的过程，即规划设计或管理者负责设计问卷与访谈内容，在获取答案后进行整理分析，无法完成一个长期性的互动过程。而利用互动式网络社会调查方法，可以利用网络与制图技术实现长期动态性的访问调查，且在数据获取分析上速度也会更快。另外，这种方法更容易实现互动性内容的设计，如利用快速地图发布技术，让老年人自己去设置养老服务设施位置与评价。目前，在养老服务设施布局与配置方面，大都由规划师去完成设计，往往忽略掉老年人最为需要的设施环境氛围创造。利用这项社会调查技术，规划设计者便能够较为方便地获取到老年人最为需要的东西。

需要特别指出的是，当前我国传统的居家养老模式已经难以满足社会经济发展的要求，但是各地区养老模式的转变并非完全相同，应当紧密结合本地的经济条件、传统习俗等条件，重点把握住老年人群的实际需求。因此，此项社会调查方法在设计内容上不仅要关注老年人的基本生活和医疗等条件的改善，还要突出老年人的心理（如孤独感）、文化（如特定地区或地点的老年人对艺术、教育等方面的较高要求）等方面的要求。借用网络技术和越来越规范的实名制手机使用等制度，规划编制和管理部门可以将调查内容更快地"推"给到老年人手中，同时也会更加迅速地得到反馈信息。

目前，这项社会调查方法使用还会受到地区互联网技术与老年人群文化水平程度的限制，但鉴于当前技术发展迅速以及人们文化水平的提高，应当在一些发达地区积极开展此项技术研究，便于应对未来老年化发展可能出现的新要求。

7.4.2 基于全球定位系统和监视器的城市老年人行为特征研究

1. 简介

当前，国内外关于老年人行为特征的研究方法主要有以下几类：第一，理论性研究方法：消费者行为理论、Hagerstrand 时空限制理论、随机效用理论等，可为行为控制层次的政策制定工作提供基础支持。第二，利用统计学相关方法进行定量的研究，如调查问卷等。这类方法可以很方便地加入社会经济等因素的影响研究，提高了研究的全面性。第三，依托社会建筑环境的影响进行老年人行为特征研究。第四，通过数学回归分析方法，预测出老龄化对未来一段时间居民出行结构的影响，对城市交通政策的制定具有较高的参考价值。第五，利用比例风险模型，构建老年人出行出发时刻选择模型，形成出行量随时间变化的连续分布模型。第六，基于某一种行为的研究，如购物行为、旅游行为。第七，基于某种老年人生理特征的行为研究。

从上述的研究方法来看，主要是集中在理论性或者个人和社会方面的影响研究上，没能很好地与城市形态本身进行紧密的结合。传统的问卷调查很难准确地调查到老年人具体的户外活动。但是通过便携式全球定位系统（GPS）技术可以记录下老年人在城市中的活动轨迹，同时利用监视器（如运动能量监视器等）记录下某项监视内容值的变化。此项技术方法使用可以使得传统上非空间性老年人行为特征研究转变为更为准确的空间化分析，同时运用 GPS 记录下的老年行动轨迹可以与具体的城市地图叠加，并作出二者的关联性分析。另外，由于此项技术方法利用了地理位置技术，在分析和结果展示时，空间可视化效果较好（图 7-5）。

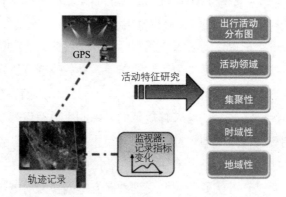

图 7-5　基于全球定位系统和监视器的老年人行为特征研究示意图

2. 技术路线

从总体上而言，可分为三个过程进行此项技术执行：准备阶段、运行阶段和分析阶段（图 7-6）。

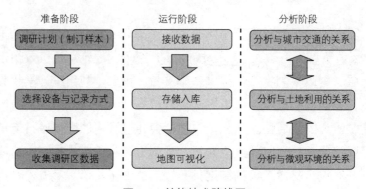

图 7-6　总体技术路线图

166

（1）准备阶段

样本示例
表 7-10

年龄段	编号（或姓名）	性别	性格特点	日记记录	轨迹记录编号
60～65岁（50人）	001	男			
	002	男			
	003	女			
	004	女			
	……	……			
65～70岁（30人）	051	男			
	052	女			
	……	……			
70～80岁（20人）	……	……			
80岁以上（10人）	……	……			

首先，需要制作较为详细的调研计划，因为此项工作一般都会涉及较多数量老年人的参加，不易反复进行。调研计划应当包括：确定研究重点、选定合理的研究区域（考虑当地公共设施分布等因素）、制订样本等。其中需要指出的是样本的制订对于结果分析具有直接的影响作用，一般可按照老年人的年龄段、身份、性别等分类制订（表 7-10）。在样本中，可以添加日记功能，即要求不同类别的老年人记录下在不同时间段或地点的心情与感受等。样本可以在运行分析时转换为数据库表格。其次，考虑到老年人的生理特征，应当选择合适的 GPS 仪器（以轻便作为主要选择依据）和监视仪器（如运动能量监视器记录老年人能量消耗的变化）。最后，收集调研区内的土地利用、交通等方面的地图数据。

（2）运行阶段

在运行阶段，主要是按照规定的时间接收老年人的运行轨迹和监视器数据，并对老年人的日记进行整理。以上获取到的数据，都要及时入库并利用 GIS 软件显示出来。因为 GPS 记录的数据具有时间属性，可以在软件中进行历史记录的回放观察。这种空间数据的地理可视化是十分重要的，不仅能够有效地揭示人类空间行为中时间和空间之间的复杂相互作用，而且是在探索空间数据分析和帮助制订更切合实际的计算或行为模式上行之有效的工具。

（3）分析阶段

分析阶段的主要内容是：与城市交通路网的关系、与城市土地利用的关系、与

167

一些微观环境的关系。需注意的是这三者并非是独立的关系，而是相互影响的关系。具体分析时，一般可从以下几个方面展开：

第一，从整体数据出发，观察所有样本轨迹在区域中是否有较为聚集的地区，如果存在集聚地区，将这些集聚区提取出来并与用地和交通进行比较分析，得出相关结论。

第二，从个体数据入手，以单个样本自身特点（如性格、年龄、身体状况）为研究起点，分析不同时间段、不同地点的某项指标（运动能量监视器：能量消耗）变化，进而研究指标与城市环境之间的关系。

第三，从记录轨迹的不同用地类型（如公园、广场）与不同分组（如按年龄或性别分组）的老年人信息出发，研究不同类型老年人对活动场所爱好程度以及他们日常出行距离的差别。

7.4.3 基于四阶段法的老年人交通需求预测

交通四阶段法以居民出行调查为基础，由交通生成、交通分布、交通方式划分、交通量分配四个阶段组成。老年人交通发生与吸引量预测方法是对不同老年人交通小区和节点发生量和吸引量的预测。因老年人交通出行距离短的特点，老年人交通小区的发生吸引范围较小，一般交通站点、商业区、公园绿地等都可以划分为不同的老年人交通小区。建立土地利用与老年人交通发生量和吸引量的预测，基于土地利用的原单位法是一种最接近实际情况的预测方法。

（1）慢行出行发生预测

老年人交通的发生预测主要来自于居住用地，模型建立在居住用地与慢行出行发生量之间的关系基础上，因此，老年人交通小区 i 的慢行出行发生量为：

$$F_i = \frac{A_i K_i}{\sum\limits_{i=1}^{n} A_i K_i} \times M$$

式中 F_i——某老年人交通小区 i 的慢行出行发生量；M——规划范围内老年人交通出行生成总量；K_i——交通小区的土地利用强度影响系数；A_i——交通小区的居住用地面积；n——规划范围内小区划分的个数。

（2）慢行出行吸引预测

慢行出行吸引预测的研究范围主要包括公共设施、商业、绿地、对外交通这几类用地，它们几乎包含了所有的慢行出行吸引量影响，将影响较小的用地规划为常数项。因此，根据各吸引用地对老年人交通出行量的权重值由回归模型得到小区的慢行出行量（标准：人 /d）为：

$$X_i = (C_iK_cK_i + M_iK_MK_i + G_iK_GK_i + T_iK_TK_i + U_iK_UK_i + S_iK_SK_i + O_iK_OK_i) / \sum_{i=1}^{n} C_iK_cK_i + M_iK_MK_i + G_iK_GK_i + T_iK_TK_i + U_iK_UK_i + S_iK_SK_i + O_iK_OK_i$$

式中 X_i——i 小区的慢行出行吸引量；C_i、M_i、G_i、T_i、U_i、S_i 及 O_i——i 小区内的公共设施、工业、绿地、对外交通、广场、市政公用设施和其他用地的用地面积；K_c、K_m、K_G、K_T、K_U、K_S、K_O——公共设施、工业、绿地、交通、广场、市政公用设施和其他用地对慢行出行吸引量的权重值；n——小区划分个数。

7.4.4 老年人口数据空间分布模拟

1. 分级色彩法

利用色彩分级实现对老年人口数据空间分布的模拟，可较为直观地反映出研究区域的老年人口空间分布差异性，适合对老年人口密度与数量的空间分布模拟。图 7-7 所示为昆山市老年人口数量的空间分布模拟。

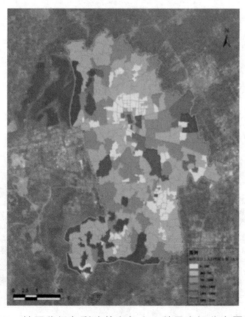

图 7-7 基于分级色彩法的老年人口数量空间分布展示图

2. 三维拉伸法

三维拉伸法即是对老年人口数据值进行拉伸处理，形成三维展示图，能较为形象地反映出研究区内老年人口的空间分布状况，适合同时将人口数量和密度进行一体化展现（图 7-8）。

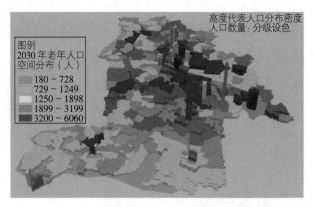

图 7-8　老年人口数量、密度一体化展示图

通过老年人口数量、密度一体化展示，可以清楚地反映出老年人口数量与密度的分布关系。值得注意的是：老年人口数量和密度二者之间并非简单的正相关关系，即老年人口数量最多的地区，人口密度不一定最高；人口密度最高的地区，老年人口数量不一定最多。在养老服务设施配置时，二者均需要考虑。一般而言，老年人口数量多的地区，应提高养老服务设施总床位数。对于一定规模的城市，考虑交通不够便利等条件，如果老年人口密度高，应适当提高养老服务设施的布局密度，尽量避免仅是依靠规模较大的养老服务设施提供服务；如果老年人口数量较少，而密度较高时，可结合服务半径设置，提高养老服务设施布局的密度，减少单个养老服务设施的床位数。对于农村或郊区地区，老年人口数量较多，而密度较低时，考虑设施建设成本和服务人员的配置要求，可主要通过区域内最优服务半径进行养老服务设施的配置（图 7-9）。

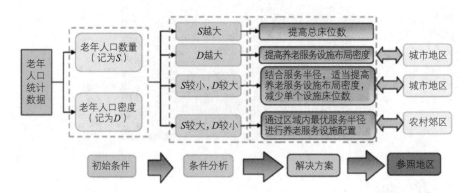

图 7-9　老年人口数量、密度与养老服务设施配置关系分析图

3. 基于点状数据的空间插值法

在按照行政界线进行老年人口的统计分析研究时，可能会因为行政区范围过大

而不能反映出老年人口的实际分布情况，如某一个社区老年人口主要分布在社区的中心，但按照行政界线统计法会将整个统计区默认为一种匀值状态。如果能打破行政界线进行老年人口数量的统计，则更能准确地反映出老年人口数量分布的真实特征。如果规划分析者只有主要节点（如县域内城镇人口数据）的老年人口数据时，可以采用基于点状数据的空间插值法近似模拟出研究区域内的老年人口空间分布状态。需要注意的是基于点状数据的统计可能会出现数量较小单元值的忽略，导致整个统计区总数的减少（图7-10）。

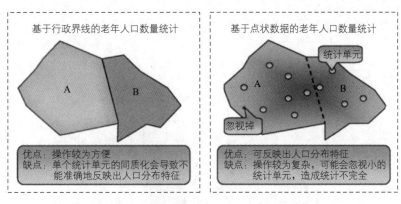

图7-10　老年人口数量两种统计方法比较图

基于点状数据的老年人口数量空间展示一般采用的方法有：反距离插值法、距离倒数插值法等。这些插值法具有距离衰减效应，即空间位置上越靠近的点，越可能具有相似的观察值；而距离越远的点，其特征值相似的可能性越小。数据采集过程可以按如下方式进行：在统计区内，将大于指定老人数的老人集聚区作为一个点，并记录其具体的老年人口数。

4. 基于面插值法的老年人口空间分布模拟

目前，人口统计是以行政区划作为统计单元，在人口空间分布模拟时也多以基于行政单元人口进行，此种方法具有一个十分突出的弊端：将统计单位内的人口空间分布默认为均值状态，难以反映老年人口空间分布特征。

面插值是指已知统计变量在某一分区系统的值，求在同一研究区内另一分区系统下的统计变量的值。基于面插值的人口空间分布模拟，适合不同统计标准下（如统计局人口统计数据与土地利用分类数据）的统计值建立人口分布模型（图7-11、图7-12）。

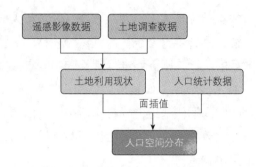

图 7-11　基于面插值的人口空间分布模拟过程示意图

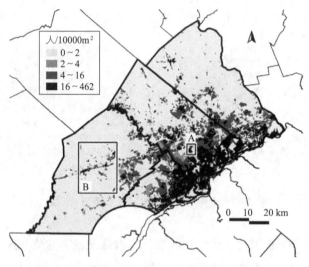

图 7-12　基于面插值的人口空间分布模拟结果示意图

7.4.5　人口老龄化趋势预测

影响人口数量和结构变化的因素包括出生、死亡和迁移。建立人口分布函数、分口密度函数和出生率与时间 t 的函数式，从而建立人口发展方程如下：

$$\begin{cases} \dfrac{\partial p}{\partial r} + \dfrac{\partial p}{\partial t} = -\mu(r,\ t)\,p(r,\ t) \\ p(r,\ 0) = p_0(r),\ r \geqslant 0 \\ p(0,\ t) = f(t),\ t \geqslant 0 \end{cases}$$

式中　$\mu(r, t)$ 表示时刻 t 年龄为 r 的死亡率，初始密度函数记作 $p(r, 0) = p_0(r)$；$f(t)$ 为婴儿出生率，$p(0, t) = f(t)$。初始密度函数值 $p_0(r)$ 的确定，采用 2001 ～ 2010 年国家统计局人口数据，本文设定 2010 年为初始时刻，$p_0(r)$ 表示 2010 年（0 时刻）年龄在区间 [r，r+1] 内的人口数。

该方程描述了人口的演变过程，由方程确定出密度函数 $p(r, t)$，可以得出各个年龄的人口数，即人口分布函数 $F(r, t)$，与总人口数函数式（图 7-13）。

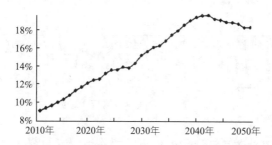

图 7-13　基于 MATLAB 方法预测的我国老龄人口比重变化情况

7.4.6　养老服务设施选址及信息化建设

1. 基于 GIS 和层次分析（AHP）法相结合的用地选址适宜性研究

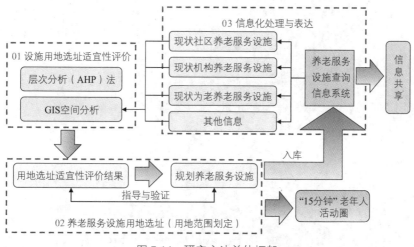

图 7-14　研究方法总体框架

如图 7-14 所示，本研究方法主要包括三个方面的内容：

第一，养老服务设施的选址是一项综合性过程，单纯依靠理论的数学计算难以完成合理有效的用地选址适宜性评价，若是以单一模型进行分析则会导致设施选址存在很大的片面性。基于 GIS 与 AHP 相结合的方法既可以充分利用 GIS 基本空间分析和查询的能力，又可以考虑复杂环境下各要素的互相叠加影响作用，能以一种较为全面和客观的方式实现对养老服务设施选址用地的评价。

基于 GIS 与 AHP 相结合法的技术路线为：首先，根据研究区域特点和 AHP 法原理，选取评价因子。其次，针对各因子特点进行具体分析，形成选址影响处理方法（一般利用服务区原理获取到各相关因子的影响范围），并确定其对选址影响的贡献比重值。最后,将各项评价因子分析结果标准化(一般采用栅格数据重分类法),再利用 GIS 中的栅格加权叠加分析工具进行用地选址适宜性评价(图 7-15)。

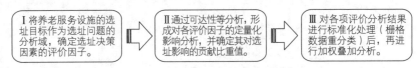

图 7-15　适宜性评价的技术路线

第二,以用地选址适宜性评价的分析结果作为参考底图,结合相关地区的地形图、总体规划、控制性详细规划等信息,对养老服务体系中的每处养老服务设施进行用地范围的选定,并将最终养老服务设施布局与用地选址适宜性评价结果进行比较分析(图 7-16)。

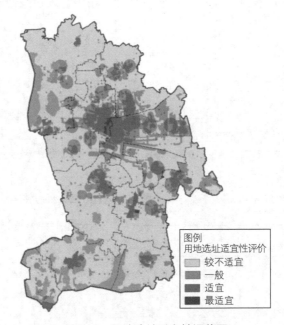

图 7-16　用地选址适宜性评价图

另外,面对人口老龄化、高龄化以及空巢化的严峻形势,应当优先发展社会养老服务,而社会养老服务的重点是要依托社区,纵深打造居家养老服务,让老年人足不出户或者在老年人步行 15min 的空间距离内便可以享受到综合性、全方位、多功能的生活文化等服务。由于老年人活动不便和不同年龄段老年人活动范围的差异性,如果以单一的时间距离进行养老服务设施设置,可能会导致不合理的布局,故可参考用地选址适宜性评价结果进行"15min 老年人活动圈"内的养老服务设施设置,因为用地选址适宜性综合考虑了老年人口分布、公交出行等因素的影响作用(图 7-17)。

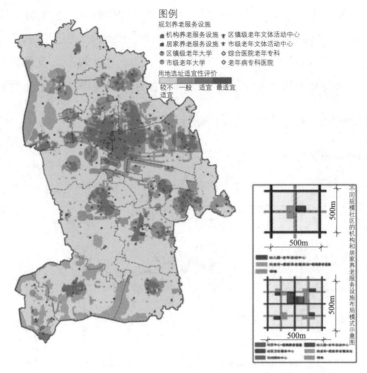

图 7-17　养老服务设施布局与选址用地适宜性评价比较图

第三，当前处于信息化快速发展的社会，养老服务不应当只是关注自身内容，还需加强与社会各类信息的综合利用。通过建立养老服务设施信息查询系统，可整合养老服务设施、老年人口分布、医疗、文体设施等信息，有利于城市规划管理工作开展和与社会其他重要公共资源信息的共享利用（图 7-18）。其中，信息系统可在用地选址适宜性评价的阶段为其提供基础的现状数据，在设施选址完成后，将规划的养老服务设施信息完整地存储到信息系统中。

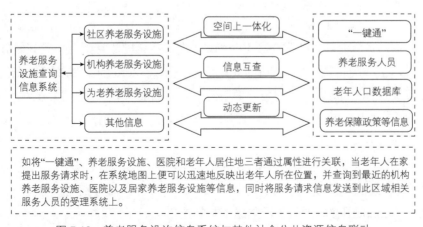

图 7-18　养老服务设施信息系统与其他社会公共资源信息联动

从养老服务设施信息查询系统长远发展而言，要能够与社会其他公共服务信息产生联动效果。可与当地有关部门共同建立类似"一键通"民生服务工程、养老服务人员、老年人口档案等信息系统，实现空间上的一体化展现，几种信息之间也可达到交互查询的效果。另外，通过信息共享平台建设，能够实现动态更新。

2. 基于 Voronoi 图的养老服务设施选址研究

（1）Voronoi 图的定义及特性（图 7-19）

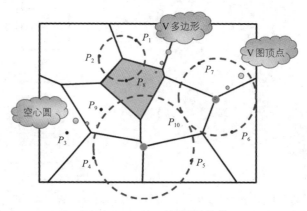

图 7-19　Voronoi 图及其特性

Voronoi 图又叫泰森多边形或 Dirichlet 图，它是由一组连接两邻点直线的垂直平分线组成的连续多边形。N 个在平面上有区别的点，按照最邻近原则划分平面；每个点与它的最近邻区域相关联。Delaunay 三角形是由与相邻 Voronoi 多边形共享一条边的相关点连接而成的三角形。Delaunay 三角形的外接圆圆心是与三角形相关的 Voronoi 多边形的一个顶点。Voronoi 三角形是 Delaunay 图的偶图。

Voronoi 图的特性主要包含以下三个方面：

第一，有效作用范围特性：每一个生长点唯一地对应一个 Voronoi 多边形。对一个空间生长目标而言，凡落在其 Voronoi 多边形范围内的空间点均距其最近。

第二，空心圆特性：每个 Voronoi 顶点都是三条 Voronoi 边的交点。若过 V 图中的任意顶点作一个圆，且使其过顶点所在的 Voronoi 边所对应的生长点（3 个或更多），则其内不包含点集 P 中的任何其他顶点，是一个空心圆，其中，半径最大的空心圆称为最大空心圆。

第三，局部动态特性：每个 Voronoi 多边形的平均边数不超过 6。这表明删除或增加一个空间生长目标，一般只影响不多于 6 个左右的相邻空间目标。

（2）Voronoi 图在养老服务设施选址中的应用

Voronoi 图在养老服务设施选址中的应用（图 7-20）可以从以下几个方面实现：

第一，利用 Voronoi 图的最大空心圆特性解决新增养老服务设施的定位问题。

第二，利用 Voronoi 图的有效作用范围特性进行养老服务设施的服务范围划分。

第三，利用 Voronoi 图的局部动态特性，每新增加一个养老服务设施，养老服务设施服务范围的划分只在相关区域内作局部调整。

第四，从服务均衡性和最大化的角度，利用 Voronoi 图对现状养老服务设施作评价分析，并给出调整措施。

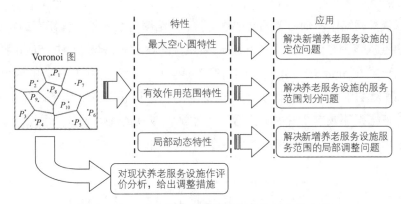

图 7-20　Voronoi 图在养老服务设施选址中的应用

3. 基于栅格数据可达性分析的养老服务设施选址研究

这里基于栅格数据的可达性分析主要是指成本加权栅格分析法，主要有以下三个方面的应用：①实现研究区内养老服务设施点到其他所有地点的可达性评价，可视化效果强；②可模拟增加或删除设施点对研究区内养老服务可达性影响的分析；③将可达性分析结果叠加现状人口数据分析得出每个设施点的服务人群数。

首先将养老服务设施选址的空间要素（道路、公园绿地、水系等）统一转换为栅格数据，再计算出每个养老服务设施到距离最近、成本最低源的最少累加成本。其次，建立居民到达养老服务设施点花费的时间效用指标体系，如所需时间小于5min，则认为最佳；5 ~ 15min，评价为最好；15 ~ 30min，评价为一般；30min 以上，则评价为差。最后，利用 GIS 等专业软件进行成本加权距离栅格计算，并按照标准形成最终的分级评价图（图 7-21）。

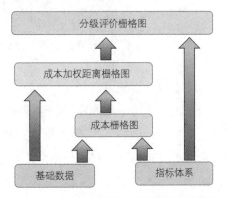

图 7-21　成本加权距离法分析过程示意图

此种方法的缺陷在于：网格上每个单元都与周围的单元相通，无法描述不通行，或者跳跃式通行，精度受到栅格大小制约，在较大空间范围内的计算精度不如矢量网络分析法。

4. 基于矢量数据网络分析的养老服务设施选址研究

这里的网络分析主要是指利用矢量数据建立网络数据集，并利用 GIS 网络分析功能进行以下内容的分析。

（1）服务区

可以查找网络中任何位置周围的服务区。网络服务区是指包含所有通行街道（即在指定的阻抗范围内的街道）的区域。例如，网络上某一位置点的 5min 服务区包含从该点出发在 5min 内可以到达的所有街道。由"网络分析"创建的服务区还有助于评估可达性。同心服务区显示可达性随阻抗的变化方式。服务区创建好以后，就可以用来标识邻域或区域内的人数、土地量，或其他任何数量。可见，网络分析的服务区功能可以有助于养老服务设施的服务范围确定（图 7-22）。

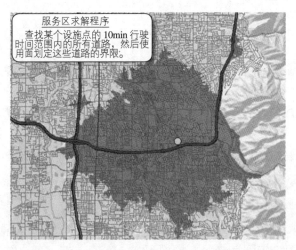

图 7-22　网络分析中的"服务区"功能示意图

（2）最近设施点

最近设施点求解程序可测量事件点和设施点间的行程成本，然后确定最近的行程。查找最近设施点时，可以指定查找数量和行进方向（朝向设施点或远离设施点）。最近设施点求解程序将显示事件点与设施点间的最佳路径，报告它们的行程成本并返回指示（图 7-23）。

查找最近设施点时可以指定约束条件，例如，可以建立最近设施点问题来搜索距离事故地点 15 min 车程以内的医院。查找结果中将不会包含任何行程时间超过 15min 的医院。GIS 网络分析支持同时执行多个最近设施点分析。这意味着允许存

在多个事件点，并可以为每个事件点查找最近设施点。可见，查找最近设施点功能
有助于确定养老服务设施选址位置是否符合某种配置要求（如养老服务设施10min
车行距离内必须有一所医院）。

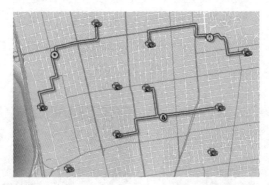

图7-23　网络分析中的"最近设施点"功能示意图

（3）OD成本矩阵分析

OD成本矩阵用于在网络中查找和测量从多个起始点到多个目的地的最小成本
路径。进行OD成本矩阵分析时，可以指定要查找的目的地数目和搜索的最大距离。
可见，利用OD成本矩阵分析，可以帮助解决多个养老服务设施到多个指定接受服
务地点（医院）是否达到最小的时间距离消耗问题，以便选择最优的多个养老服务
设施的选址（图7-24）。

图7-24　网络分析中的"OD成本矩阵分析"功能示意图

（4）多路径配送分析

养老服务设施（如送餐点）都需要确定各路径所应服务的停靠点（老年人居住
地）以及对停靠点的访问顺序。主要目标就是为停靠点提供服务并使车队的总体运
营成本最低。VRP求解程序可找出一个养老服务人员为多个停靠点(老年人居住地)

提供服务的最佳路径（图7-25）。

（5）位置分配分析

在可提供货物与服务的设施点以及消耗这些货物及服务的需求点已经给定的情况下，位置分配的目标就是以合适的方式定位设施点，从而保证最高效地满足需求点的需求。顾名思义，位置分配就是定位设施点的同时将需求点分配到设施点的双重问题。利用位置分配分析，可以保障某些养老服务设施的工作人员在规定的时限内可以到达尽可能多的老年人所在位置（图7-26）。

图7-25　网络分析中的"多路径配送分析"
　　　　功能示意图

图7-26　网络分析中的"位置分配分析"
　　　　功能示意图

附图：

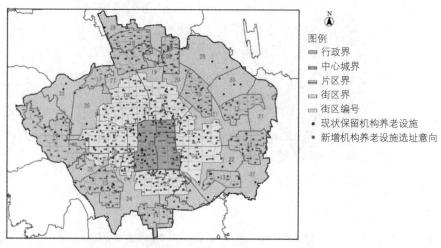

图7-2　北京市机构养老设施规划布局（中心城区）图

注：本图为139页图7-2的彩图。

180

第八章

城乡规划适老化相关政策

8.1 规划管理政策

8.1.1 完善现行城乡规划法律法规

目前《省域城镇体系规划编制审批办法》（住建部令 3 号）和《城市规划编制办法》（建设部令 146 号）等国家现行规划编制的法律法规并未对老龄化作出任何规划编制要求，较少考虑老龄化问题，缺乏对养老服务设施规划的指引；这与国外的规划法规中将解决老龄化问题与解决环境问题、居住问题列入同等重视程度相比差异明显。

因此，建议在《省域城镇体系规划编制审批办法》中增加老龄化的相关内容，主要包括：①明确区域养老模式和目标；②预测老龄化趋势，确定城镇化战略和人口发展策略。在《城市规划编制办法》"城市总体规划"部分中增加以下内容：①研究养老需求，明确养老模式、目标及建设规模；②确定养老服务设施的建设标准和用地布局；③单独编制的养老服务设施专项规划，应作为法定规划（总体规划）的章节纳入其规划成果。

8.1.2 完善更新相关国家标准规范

目前与养老服务设施相关的标准规范主要有基础标准中的《城市用地分类与规划建设用地标准》（GB 50137—2011）；通用标准中的《城市规划基础资料搜集规范》（GB/T 50831—2012）；专用标准中的《城市居住区规划设计规范》（GB 50180—93）（2002 年版）、《城市公共设施规划规范》（GB 50442—2008）和《城镇老年人设施规划规范》（GB 50437—2007）。但总体来说，从老龄化发展趋势和老年人需求角度看，现有的这些配套技术标准规范仍显滞后，其不足主要体现在：①人均用地指标和总量配置标准过小；②差异化配置考虑不足，实施性较差；③对社区居家养老服务设施的服务半径等规定缺失；④规范标准不统一，相互矛盾。

建议在《城市用地分类与规划建设用地标准》中修改以下内容：①低层银发社区应增补 R1 一类居住用地；②老年大学应增补为特殊教育用地；③养护院应增补 A6 社会福利用地。在《城市规划基础资料搜集规范》中增加老年大学、养护院设施到公共管理与公共服务设施中，将老年大学、养护院、社区老年人日间照料中心等设施的名称、数量、位置、占地面积、建筑面积、接纳人数等增加到搜集资料内容中。在《城市居住区规划设计规范》中，主要作三处调整：①托老所应修改为社区老年人日间照料中心；②养老院应修改为养护院；③居住社区中应将老年住宅户型比例作为强制性条文标准，并增加相关规划设计要求。在《城市公共设施规划规范》中，应明确老年人服务设施不全是社会福利用地，仅养老院属于社会福利用地；将老年人设施规划人均用地指标由 $0.1 \sim 0.3m^2$ 调整为 $1 \sim 2m^2$。在《城镇老年人设施规划规范》中，应增加养护院、社区老年人日间照料中心等明确的设施，替换老人护理院、托老所等设施；并将床位数标准适度提高：①床位数标准应将 $1.5 \sim 3.0/$ 百人调整为 $3.0 \sim 6.0/$ 百人；②居住区（镇）级养老院由现在的 30 床提高到 100 床以上，养护院由 100 床提高到 150 床以上。

8.1.3　研究制定适老化标准和相关管理政策

（1）研究制定新建小区配建社区居家养老服务设施标准、老年住宅配建比例等相关规定。

（2）在《养老服务设施用地指导意见》基础上，进一步明确老年社区土地供应政策和建设用地供应标准。

（3）研究制定现有老旧小区无障碍改造标准，为老人提供便利、安全、舒适的居住生活环境。

（4）研究确定各类养老服务设施竣工验收及移交的主体。保障型养老机构应分别向市、街道（镇）政府进行移交，并由其负责进行运营和监督。社会力量建设的养老机构可采取自有、政府监管的方法。社区养老服务设施应强调属地管理的原则，向街道（镇）政府进行移交，并由其负责进行运营和监督。

（5）建立养老服务设施动态管理系统。以地理空间信息为基础，整合人口、公共服务设施、游憩设施、基础设施等信息，为养老服务设施的规划选址与决策、动态维护、管理审批等提供支撑，实现基于信息化建设的精细化管理。

8.1.4　建立多部门联动的规划实施机制

老龄化规划应当由政府组织相关部门，形成统一领导、密切配合、分工协作、严格监管的联动工作机制，研究制定养老服务设施相关配套政策、统筹协调规划实施中的相关问题，确保各项政策措施整体推进、落实到位，逐年稳步推进养老服务设施建设及养老服务保障目标的实现。

1. 制订年度实施计划

根据养老服务设施规划总体目标，按年度进行任务分解，确立分期建设目标，并纳入"规划年度实施计划"和"年度土地供应计划"，有效指导年度养老服务设施建设。

2. 明确各部门责任

规划、发改、国土、建设及民政主管部门共同制定各类养老服务设施的建设流程和职责单位，行业主管部门应参与养老服务设施立项、规划、建设、验收的全过程，加强设施规划建设的行业监管力度。

发改、财政、人保、医保、税务及民政主管部门应共同研究制定养老服务设施建设与运营的配套政策，提升养老服务和保障水平。

（1）完善落实养老服务设施的税费减免政策、运营补贴办法，以及用水、用电、电信等方面的优惠扶持措施。

（2）在符合条件的养老机构内设医务室，并纳入医保定点范围，解决入住养老机构老人看病难的问题。

（3）研究建立面向半自理和不能自理老人的长期护理系统，以及与之相配套的护理保险制度，并通过评估确定不同健康状况老人适用的养老服务。

（4）结合社区卫生服务网络的建立，改善居家老人的就医条件、提高服务水平；研究制定利用一、二级医院闲置病床开办护养型养老机构的具体实施办法。

（5）加快推行"养老一卡通"，整合养老（助残）、乘车、逛公园等多项为老服务项目。

8.2　用地管理政策

8.2.1　总体思路

1. 鼓励社会化养老，有利于民营企业良性运营的供地政策

一是单列"养老综合用地"，纳入年度计划，并制定与其相配套的政策。二是经养老主管部门认定的非营利性养老服务机构，其养老服务设施用地可采取划拨方式供地。民间资本举办的非营利性养老服务机构，经养老主管部门认定后同意变更为营利性养老服务机构的，其养老服务设施用地应当报经市、县人民政府批准后，可以办理协议出让（租赁）土地手续，补缴土地出让金（租金）。但法律法规规章和原《国有建设用地划拨决定书》明确应当收回划拨建设用地使用权的除外。三是鼓励租赁供应养老服务设施用地。为降低营利性养老服务机构的建设成本，制定养老服务设施用地以出租或先租后让供应的鼓励政策和租金标准，明确相应的权利和义务。四是农村集体经济组织可依法使用本集体所有土地，为本集体经济组织内部成员兴办非营利性养老服务设施。民间资本举办的非营利性养老机构与政府举办的

养老机构可以依法使用农民集体所有的土地。

2. 鼓励集约节约，避免以养老名义圈地

一是制定存量用地改建养老服务设施的操作规程。二是根据市场需求，每年将一定指标的土地用以开发建设银发社区，实行总量控制。三是对银发社区开发商及养老服务设施运营商建立考核评估机制，根据评估情况将土地出让的优惠部分按照以奖代补方式逐年返还。

3. 完善动态调整机制

一是完善普通住宅和老年住宅置换机制；二是试点共有产权；三是探索以房养老机制。

8.2.2 试行"养老综合用地"

养老用地一向是属于地产市场的"擦边球"。目前，全国市场上在售、在建的养老地产项目，基本上都是建造于住宅用地或商业综合用地之上的，一方面使得养老地产不得不采用国有出让的居住用地，而承受较高的土地成本；并且在纳税时，必须按照房地产类税种进行缴纳，巨额的税费给养老地产企业带来了巨大的压力。另一方面，也引起全国各地的养老地产项目用地年限各异、土地性质相左，闲置工业用地、公共设施用地流转为养老用地手续复杂；并且，由于政策不统一，导致部分开发商以养老地产为名低价获得土地，后期运营监管政策缺失。

建议单列"养老综合用地"，纳入年度计划，并制定与其相配套的政策。一是限价招拍挂，为了避免养老项目用地价格过高，可以限定土地溢价率不超过8% ~ 15%。二是允许将集体建设用地作为"养老综合用地"，使用权进行招拍挂，用以建设出租型银发社区。三是配套"以奖代补"的优惠政策，针对出售型银发社区（部分出租型银发社区），以住宅用地方式进行招拍挂，但可以补充协议给予一定比例的优惠，但该部分优惠需要综合评估建成后的养老服务提供情况，逐年返还。

案例：北京试点"养老综合用地"单列

北京于 2013 年在全国率先探索养老综合用地——约 70% 的住宅用地加上不到 30% 的商业金融用地，以及少量的养老医疗设施用地。同时，在养老综合用地的获取上会给予一定的优惠，如降低土地保证金竞买底价的 5%，以吸引社会资本参与养老综合用地竞拍。

2013年4月初，北京市政府将事先设定的100hm²、共计7块养老服务设施用地指标下放给了北京市各区县，并由各区县自行推动。但该100hm²养老服务设施用地指标最终未能落地，而是仅仅出让了1块（中投发展有限责任公司以800多元/m²的楼面价获得了首块养老用地），余下的6块养老综合用地并未出让。但由于国土资源部一直未表态，北京市于12月份暂停养老综合用地招拍挂。

8.2.3　制定存量用地改建养老服务设施的土地变更机制

对营利性养老服务机构利用存量建设用地从事养老服务设施建设，涉及划拨建设用地使用权出让（租赁）或转让的，在原土地用途符合规划的前提下，可不改变土地用途，允许补缴土地出让金（租金），办理协议出让或租赁手续。在符合规划的前提下，在已建成的住宅小区内增加非营利性养老服务设施建筑面积的，可不增收土地价款。若后续调整为营利性养老服务设施的，应补缴相应土地价款。

企事业单位、个人对城镇现有空闲的厂房、学校、社区用房等进行改造和利用，兴办养老服务机构，经规划批准临时改变建筑使用功能从事非营利性养老服务且连续经营一年以上的，五年内可不增收土地年租金或土地收益差价，土地使用性质也可暂不作变更。

案例：广州海珠区工业厂房改造养老服务设施

广州市松鹤养老院位于海珠区沙园路1、3号，地处繁华路段，交通便利，是现代园林式大型养老院。全院占地面积2.8万m²，建筑面积1.9万m²，拥有800多个床位，80多个室外停车位，是目前市中心内最具规模的养老服务机构（图8-1）。

松鹤养老院原是工程机械厂的旧厂房，2012年被改造成为园林式大型社区养老院，一方面弥补养老床位不足，另一方面体现"三旧"改造项目与新区发展相配套的推进模式。

同样由旧厂房、员工宿舍经过"三旧"改造变身民办养老机构的还有位于番禺的松明尚苑颐养院。但目前广州将城区旧厂房"三旧"改造成养老机构尚在尝试阶段，这些民办养老院大多采取租借、合营等方式，使用期多签约在 15 ～ 20 年左右，且土地用途多是"临时养老用地"，涉及的场地能否长期使用、规划能否变更等，都是目前民办养老机构亟须解决的问题。

图 8-1　广州市松鹤养老院

8.2.4　试点共有产权

协议方式出让土地，将优惠部分及比例作为政府的所占产权，实现企业与政府按比例共有产权。一方面有利于吸引民营养老服务设施发展，另一方面避免企业圈地，监管后期运营。根据共有产权的比例程度，可以有以下模式。

一是所有权、使用权和经营权相分离模式。政府对老年住宅和养老服务设施拥有产权，普通住宅产权、老年住宅和养老服务设施经营权归开发企业。该模式一般适用于银发社区，有利于对开发企业的监管和对老年人售后权益的保障。

二是政府与老年家庭共同对老年住宅拥有一定比例的产权。类似保障房，有利于低收入老年家庭以较低价格购买老年住宅，但并非完全产权，并可通过捆绑赎买政府所占产权（或政府回购个人所占产权）的模式实现老年住宅的流通，完善退出机制。

8.2.5　探索以房养老机制

暂且不论房屋"70 年产权"问题，以房养老主要有以下几种模式，一是租出大房再租入小房，用房租差价款养老；二是将房子出租出售，自己住老年公寓，用租金或售房款养老；三是售出大房，换购小房，用差价款养老；四是将住房出售，再租回原住房，用该笔款项交纳房租和养老；五是将房屋抵押给有资质的银行、保险公司、政府部门等机构，每个月从该机构取得贷款作为养老金，老人继续在原房屋居住，去世后则用该住房归还贷款。

对比以上几种模式，前四种有较高的交易成本和不确定性（自己售房和出租房等均有较大的交易成本，自己再租回房子或者住老年公寓等也有较大的不确定性）；最后一种形式为社会机构承揽的反向抵押贷款养老，属于社会机构提供的以房养老业务，可以为适合以房养老的人群提供更为便捷的服务。

案例：政府模式——新加坡乐龄公寓

新加坡的乐龄公寓与一般银发社区模式不同，主要在于房屋住宅的出售，其产权一般为30年，之后可延长10年，但不可以转售，只能卖回给建屋局。这种模式能保证乐龄公寓的住房价格比一般住房便宜，老人把原有组屋卖出后入住乐龄公寓，还可剩下一部分余款颐养天年，这大大降低了银发社区的门槛，使得中低收入老年人能享受老年社区的服务（图8-2）。

- ◆ 乐龄公寓的建设：建屋发展局承建，户型分35m² 和45m² 两种，供一位或两位老人居住，全装修。
- ◆ 乐龄公寓的申请：必须是55岁以上拥有组屋的新加坡人。
- ◆ 乐龄公寓的价格：比一般住房便宜，老人把原有组屋卖出后入住乐龄公寓，还可剩下一部分余款颐养天年。
- ◆ 乐龄公寓的产权：一般是30年，可延长10年，但不可转售，老人故去只能卖回给建屋局继续出售使用。

图8-2 新加坡乐龄公寓的产权管理模式

案例：保险公司模式——北京、上海、广州、武汉试点

《中国保监会关于开展老年人住房反向抵押养老保险试点的指导意见》提出在北京、上海、广州、武汉四个城市于2014年7月1日开展老年人住房反向抵押养老保险试点。反向抵押养老保险是一种将住房抵押与终身养老年金保险相结合的创新型商业养老保险业务，即拥有房屋完全产权的老年人，将其房产抵押给保险公司，继续拥有房屋占有、使用、收益和经抵押权人同意的处置权，并按照约定条件领取养老金直至身故；老年人身故后，保险公司获得抵押房产处置权，处置所得将优先用于偿付养老保险相关费用。

此次试点在保险公司资格、产品设计方面增强了可操作性。一是严格规定试点保险公司的资格条件，需要已开业满5年，注册资本不少于20亿元；且满足保险公司偿付能力管理规定，申请试点时上一年度末及最近季度末的偿付能力充足率不低于120%。二是产品更为灵活多样，根据保险公司对于投保人所抵押房产增值的处理方式不同，试点产品分为参与型反向抵押养老保险产品和非参与型反向抵押养老保险产品（简称参与型产品和非参与型产品）。参与型产品指保险公司可参与分享房产增值收益，通过评估，对投保人所抵押房产价值增长部分，依照合同约定在投保人和保险公司之间进行分配；非参与型产品指保险公司不参与分享房产增值收益，抵押房产价值增长全部归属于投保人。三是增加了"补救机制"，即要求保险公司在保险合同中明确规定犹豫期的起算时间、长度，犹豫期内客户的权利，以及客户在犹豫期内解除合同可能遭受的损失；且犹豫期不得短于30个自然日。

8.3 财政政策

当前养老服务设施建设财政政策亟须解决两大问题。第一，公共财政投入机制有待完善。一是财政扶持的"9073"投入结构失衡，过于强化机构建设，而居家和家庭养老扶持力度偏弱；二是硬件设施投入比重大，软件服务投入比重小；三是城市投入比重大，农村投入比重小；四是养老服务人员投入严重不足，亟须增加；五是养老和医疗投入各自为政，缺乏财力统筹和资源有效配置。第二，有效发挥市场作用的投融资机制有待完善，在用地保障、信贷支持、补助贴息和政府采购等方面亟须完善相关政策。

8.3.1 健全公共财政投入机制

明确政府主导的各类养老服务设施的建设资金统筹政策。

（1）保障型养老服务设施建设优先

制定政府主导建设的各类养老服务设施的建设资金统筹政策，须重点建设保障型床位，满足不能完全自理的城镇"三无"、农村"五保"、残疾及其他低收入老年人的保障型养老床位需求。

完善养老服务设施建设经费支持政策，细化完善相关申请、评估程序和补贴标准。重点扶植社会力量建设普通型养老床位，满足不能完全自理的工薪阶层老年人普通型床位需求。

（2）完善公共财政投入结构，加大社区和居家养老投入

积极落实社区养老服务商运营补贴与奖励机制，建立奖励经费拨付机制，鼓励社会力量参与社区居家养老服务。

财政扶持重点是扩大和深化大众型居家养老服务，通过政府购买服务、拓展菜单式、组合式的养老服务内容，推进服务项目化、集约化、专业化运作，提升大众型养老服务水平。

财政投入从侧重硬件投入向软件平台转变，即服务的方式逐渐从硬件设施"点的集聚"转移到软件服务于更多受益老人"面的发散"，公共财政做好服务平台，促进社会力量的进一步参与。

（3）加大对互助养老的财政支持

财政投入应向农村地区倾斜，加大对农村地区的养老服务设施建设的投入。

财政资金要正视非正规照料（家庭成员、亲戚和邻居提供）的作用。在社区养老费用偿付和补贴中，应以服务券等形式考虑补偿非正规人员的服务。特别是农村地区，亲戚和邻居照料更加符合因地制宜的实际。

（4）加大服务人员的财政投入

增加养老服务补贴标准，逐步提高各类养老服务人员工资和福利待遇，提高社会地位，激发为老服务积极性。建立激励机制，对先进助老组织、优秀志愿者进行表彰，给予一定的补贴或奖励，扩大志愿者服务队伍。

8.3.2　完善投融资机制

要充分发挥市场机制的基础性作用，通过用地保障、信贷支持、补助贴息和政府采购等多种形式，积极引导和鼓励企业、公益慈善组织及其他社会力量加大投入，参与养老服务设施的建设、运行和管理。

（1）鼓励保险公司投资建设养老服务设施

从发达国家看，ING（荷兰国际集团）和 IOWA（爱荷华保险公司）等保险机构自 1990 年代以来即开始进行养老社区投资管理。近年来，我国一些保险公司也开始尝试直接或间接投资于养老服务设施，如泰康保险专门成立"泰康之家投资有限公司"，计划用 4 年左右时间，投入 40 亿元建成全功能、高品质服务的现代养老社区——泰康之家。此外，中国人寿、中国人保、合众人寿都表示出对投资建设养老社区的兴趣。如中国人寿计划首期投资约 100 亿元在河北廊坊筹建北方养老社区，在海南筹建南方养老社区，而中国人保已有意将老人保历史遗留的风景名胜区不动

产经更新改造后发展成养老社区。

　　同时，保险公司投资建设养老服务设施对其自身具有积极意义。一是有助于扩展保险公司的投资渠道；二是有助于提升保险公司的整体形象并提高附加值。

　　（2）支持公益性基金会等社会组织投资兴办养老服务设施

　　从发达国家情况看，公益性基金会等非政府组织和个人捐款对养老服务设施建设发挥了重要作用，很多非营利性的养老机构甚至直接是由社会组织或个人投资兴办的。但在我国由于公益性社会组织尚在完善发展期，因而直接投资兴办养老服务设施的情况还相当少见。借鉴发达国家的经验，建议国家进一步支持、鼓励和引导公益性基金会等社会组织直接投资兴办养老服务设施。

　　（3）鼓励公私合营模式（PPP）建设养老服务设施

　　发挥公私合营模式"利益共享、风险共担、全程合作"的共同体关系优势，以特许权协议为基础，通过签署合同来明确双方在养老服务设施建设和运营中的权利和义务，使合作各方达到比预期单独行动更为有利的结果。

8.4　社会保险政策

8.4.1　加快推进养老保险制度建设

　　实现新型农村社会养老保险和城镇居民养老保险制度全覆盖。完善实施城镇职工基本养老保险制度，全面落实城镇职工基本养老保险省级统筹，实现基础养老金全国统筹，做好城镇职工基本养老保险关系转移接续工作。逐步推进城乡养老保障制度有效衔接，推动机关事业单位养老保险制度改革。建立随工资增长、物价上涨等因素调整退休人员基本养老金待遇的正常机制。发展企业年金和职业年金。发挥商业保险的补充性作用。

8.4.2　建立城乡统一的医疗保险机制

　　进一步完善职工基本医疗保险、城镇居民基本医疗保险、新型农村合作医疗制度。逐步提高城镇居民医保和新农合人均筹资标准及保障水平，减轻老年人等参保人员的医疗费用负担。提高职工医保、城镇居民医保、新农合基金最高支付限额和政策范围内住院费用支付比例，全面推进门诊统筹。做好各项制度间的衔接，逐步提高统筹层次，加快实现医保关系转移接续和医疗费用异地就医结算。全面推进基本医疗费用即时结算，改革付费方式。积极发展商业健康保险，完善补充医疗保险制度。

8.4.3　建立"人、地、财"相挂钩的养老保险机制

探索建立"人、地、财挂钩"的养老机制，根据承担外来人口养老保险和养老服务的数量和质量，通过中央和省级政府的税收适当返还、下拨地方财政补贴的异地调剂等方式，切实提高外来人口的养老水平。探索建立异地迁移（省内、省际）人地指标相挂钩的养老机制，在尊重其意愿和维护其合法权益的原则下，鼓励其落户，并将其农村闲置土地复垦成耕地，经验收合格后置换为建设用地指标，并通过一定的结算制度流转为流入地的建设用地指标，最终通过财政转移补贴给养老支出。

8.4.4　试点养老金投资运营机制

积极稳妥地开展养老保险基金投资运营试点，拓宽投资渠道，改变目前只能存银行或买国债的限制，试点风险较小而回报较稳定的投资，实现基金保值增值。

科学确定投资资产的类别和组合，保证投资效率和抗风险性。①一部分基金可用于基本没有风险或风险小的有固定回报的产品，如国债、金融债券、银行理财产品、信托理财产品，这些产品的收益率一般高于银行存款利率甚至高于通货膨胀率。②一部分基金可用于PE投资，PE的存续时间较长，收益率可达10余倍，但PE投资是有风险的，应选择每年保持30%～50%的增长、处于成长和扩张阶段、管理团队人才优秀的公司。③一部分养老金可投资于股票。政府可以为养老金投资提供优良资源，如基础建设、大型项目建设的债券化产品。可在股票投资方面实行收益率约定限量制度，即约定每年收益率高出通胀率若干个百分点，回报给养老金，再超出部分的收益，无论多少都归投资人所有，若收益率低于通胀率，风险由投资人承担。这种收益与风险共担的条件，投资人是有可能接受的。④允许少量基金用于实体投资。鼓励养老保险基金进行养老服务设施建设、养老地产开发、养老服务提供，以及养老器材和信息化等产业。

将限制基金投资运营渠道转变为限制基金投资的结构和比例，通过组合投资和投资比例的控制，达到减少投资风险和提高投资回报，实现基金保值增值。

8.4.5　建立养老保险挂钩个税机制

探索建立"社保挂钩个税"机制，适当放宽社保抵个税上限，鼓励企业和个人缴纳社会保险。

探索试点"个税递延型"养老保险。投保人所缴纳的保险费在税前扣除缴纳，退休后领取保险金时再按照实际收入补缴个人所得税，这有别于目前个人收入纳税后才交纳保险金的做法；即对这笔个人所得推迟征个税。"个税递延型"养老保险属于税前列支，可以减少个人上交的个税；退休后领取时可能随着退休后收入的降低和个税起征点的提高，缴税税率较低，甚至达不到起征点。

8.5 老龄服务政策

8.5.1 健全社会养老信息系统

1. 建立老年人电子健康档案

以基层医疗机构为依托，逐步建立老年人的标准化电子健康档案，实现社区居家与机构养老服务的有效衔接，提高服务效率和管理水平。电子健康档案信息系统逐步与社区居民医疗保险、养护康复机构的电子病历等信息系统互联互通，实现信息资源共享。

2. 建立紧急呼叫信息系统

探索建立信息化管理软件、为老服务热线、居家呼叫系统等便捷有效的求助和服务信息沟通渠道，并实现与120、119、110等公共平台的对接，基本实现区域内老年人紧急救援服务全覆盖。

3. 开展社会养老服务信息系统建设

整合福利资源，运用信息网络手段，将养老服务机构、社区养老服务力量、社会各类中介服务优化组合，提高福利资源的使用效能。依托民政部门现有信息系统和城市社区信息平台，以养老机构或日间照料中心为管理节点，以社区养老服务设施及家庭为使用终端，构建区域性的养老服务信息平台，实现与相关的公共服务信息平台进行对接，及时向社会提供养老服务需求和资源供应信息。

8.5.2 养老服务队伍建设

（1）建设专业服务队伍。健全养老服务培训体系、扩大专业护理员培训规模，建立专业护理员和居家养老服务员持证上岗制度，保证服务质量，逐步实现养老服务从业人员的职业化、专业化。政府在人才引进、培训制度建设等方面应加大财政投入。

（2）实行养老护理岗位补贴。为了提高护理人员待遇，稳定护理人员队伍，对取得初级、中级、高级职业资格证书的人员，给予每人一定的一次性奖励。凡持有人保局颁发的《养老护理员职业资格证书》的服务人员，在同一养老服务机构工作一定时限，可按相关规定进行补贴。岗位补贴申请凭用人单位与从事养老服务人员签订的劳动合同、社保缴费证明进行补贴，已享受公益性岗位的，不再享受特岗补贴。

（3）推行见习补贴政策。建设大中专学生养老服务见习培训基地，为大中专学生提供见习岗位，并享受现行的大中专学生见习补贴政策；鼓励大中专院校和护士学校毕业生到养老服务机构和社区从事养老服务工作，不断优化队伍结构。

（4）完善养老志愿服务机制。健全志愿者服务及补偿机制，使志愿者服务经常化、制度化、规范化。一是建立"劳务储蓄"制度，鼓励低龄健康老年人为高龄老年人服务。二是探索"义工银行"自助互助服务途径和义工服务时间储备制度，推动志愿者为老服务的普遍开展，促进中青年志愿者为老年人服务。三是政府提供一定的财政补贴购买社会服务。

（5）构建"虚拟养老服务团队"。全面建立"虚拟养老院"的服务模式，整合社会上的有利资源，实现养老服务团队的社会化与共享化。通过规范服务方式和内容，提升服务水平和服务平台科技含量，努力拓宽服务半径和服务对象的范围。以网络通信平台和服务系统为支撑，采用政府引导、企业运作、专业服务人员服务和社会志愿者、义工服务，社区服务相结合的方式，以社区服务信息网络平台，通过发放社区居家养老服务券，开设关爱老人道德银行，成立社会工作室，开展关爱老人公益服务等新型服务形式，实现居家养老社会化，为全市老年人提供服务。

8.5.3 搭建行业管理体系

（1）制定和完善养老服务业的行业规范和质量标准，建立资质评估、认证、管理体系。会同相关部门制定和完善各项养老服务行业标准及残疾人机构托养服务标准，形成集规划建设、行业准入、管理服务、评估检查等内容的公平规范、统一透明的行业标准管理体系。

（2）规范养老服务机构收费项目和收费标准，建立标准化的服务流程。建立各类养老服务商准入和退出机制，结合星级养老院的评定、定期评估和年审制度，实现机构建设科学化和管理服务标准化。

（3）积极培育和发展养老服务业行业协会，加强行业自律管理。加强对养老服务机构在基础设施、日常管理、安全防护、服务质量和人员队伍方面的监管，建立相应的等级管理、年检制度和奖惩机制，公开投诉电话，接受社会监督。

参考文献

[1] 北京市民政局. 北京市关于加快养老服务机构发展的意见 [Z]（2008），2009.

[2] 北京市人民政府. 北京市国民经济和社会发展第十二个五年规划纲要 [Z]，2011.

[3] 常州市规划设计院，东南大学建筑学院. 常州市特殊群体空间设施布局规划研究 [Z]，2007.

[4] 常州市规划局，常州市民政局，常州市规划设计院 – 华师大项目组. 常州市养老服务设施规划（2010-2020）[Z]，2010.

[5] 广东省人民政府. 广东省国民经济和社会发展第十二个五年规划纲要 [Z]，2011.

[6] 杭州市人民政府. 杭州市社会养老服务体系"十二五"规划 [Z]，2011.

[7] 江苏省城市规划设计研究院. 昆山市养老服务设施专项规划（2012-2030）[Z]，2013.

[8] 上海市人民政府. 上海市国民经济和社会发展第十二个五年规划纲要 [Z]，2011.

[9] 无锡市规划设计研究院. 无锡市养老服务设施规划（2009-2020）[Z]，2009.

[10] 浙江省人民政府. 浙江省国民经济和社会发展第十二个五年规划纲要 [Z]，2011.

[11] 中华人民共和国民政部. 中华人民共和国社会养老服务体系建设"十二五"规划（征求意见稿）[Z]，2011.

[12] 中华人民共和国国家统计局. 2010 年第六次全国人口普查主要数据公报（第 1 号）[EB/OL], 2011-04-28. http://www.stats.gov.cn/tjgb/rkpcgb/qgrkpcgb/t20110428_402722232.htm.

[13] Amy Chong. 新加坡日托中心的代际交往项目"淡兵泥"三合一家庭中心简介 [J]. 幼儿教育，2003（6）.

[14] Australian Local Government Association. Australian Local Government Population Ageing Action Plan（2004-2008）[Z], 2004.

[15] Beard JR, Petitot C. Aging and Urbanization: Can Cities Be Designed to Foster Active Aging[J]?Public Health Reviews, 2010（32）: 427-450.

[16] Boddy Martin. Socio-Demographic Change and the Inner City[D]. School for Advance Urban Studies, University of Bristol, 1995.

[17] Bradley C. Strunk, Paul B. Ginsburg, Michelle I. Banker. The Effect of Population Aging on Future Hospital Demand[J]. Health Affairs, 2006, 25（3）: 141-149.

[18] Bun Song Lee, Louis G. Pol. The Influence of Rural-Urban Migration on Migrants' Fertility in Korea, Mexico and Cameroon [J]. Population Research and Policy Review, 1993（12）.

[19] Camagni R., Capello R., Niukamp P. Managing Sustainable Urban Environments [M]//Ronan Paddison, ed. Handbook of Urban Studies. London: Sage Publications, 2001.

[20] Campbell S. Green Cities, Growing Cities, Just Cities? Urban Planning and the Contradictions of Sustainable Development [J]. Journal of American Planning Association, 1996, 62（3）: 296-312.

[21] Care Homes for Older People: National Minimum Standards Care Homes Regulations[S]. London:

Published by TSO〔The Stationery Office〕, 2004.

[22] Catherine Hawes, Mi riam Rose, Charles D. Phillips. A National Study of Assisted Living for the Frail Elderly: Results of a National Survey of Facilities[R]. U. S. Department of Health and Human Services, Myers Research Institute, 1999.

[23] Champion A. G. A Changing Demographic Regime and Evolving Polycentric and Distribution of City Populations [J]. Urban Studies, 2001, 8〔4〕: 657-677.

[24] Department of Health. Care Homes for Older People National Minimum Standards Care Homes Regulations[S]. 3rd Edition. The United Kingdom for the Stationery Office, 2000.

[25] Forer P. C. , Kivell H. Space Time Budgets, Public Transport, and Spatial Choice [J]. Environment and Planning A, 1981〔13〕: 497-509.

[26] Gerard F. Anderson, Peter S. Hussey. Health and Population Aging: A Multinational Comparison[D]. Johns Hopkins University, 1999.

[27] Global Age-Friendly Cities: A Guide[S]. World Health Organization, 2007.

[28] Government of Western Australia, Department for Communities Seniors and Volunteering. City of Perth Age-friendly City – Consultation Report [R], 2011.

[29] Hall P. , Pfeiffer U. Planning: Millennial Retrospect and Prospect [J]. Progress in Planning, 2000〔57〕: 263-284.

[30] John Agnew, David N. L iving Stone. Human Geography: An Essential Anthology [M]. Oxford: Blackwell Publishers Press, 1996: 252 - 256.

[31] Linda G. Martin. Population Aging Policies in East Asia and the United States[J]. Science, 1991〔2〕: 527-531.

[32] Martensson S. Childhood Interaction and Temporal Organization [J]. Economic Geography, 1977〔2〕: 99-125.

[33] Martha E. Pollack. Intelligent Technology for an Aging Population. The Use of AI to Assist Elders with Cognitive Impairment[J]. AI Magazine, 2005, 26〔2〕.

[34] Masahiro Umezaki, Ryutaro Ohtsuka. Impact of Rural-Urban Migration on Fertility: Population Ecology Analysis in the Kombio, Papua New Guinea[J]. Journal Biosociety Science, 1998〔3〕.

[35] Mill er R. Household Activity Patterns in Nineteenth Century Suburbs: A Time Geographic Exploration [J]. Annals of the Association of American Geographers, 1982〔72〕: 355-371.

[36] Planning for an Ageing Population [R]. RTPI, 2004.

[37] Pred A. , Palm R. The Status of American Women: A Time Geographic View [M] ∥ Lanegran D. A. , Palm R. , eds. Invitation to Geography. New York: McGraw Hill, 1978: 99-105.

[38] Pred A. Place as Historically Contingent Process: Structuration and the Time 2 Geography of Becoming Places [J]. Annals of the Association of American Geographers, 1984〔74〕: 279-297.

[39] Psul Knox, Steven Pinch. Urban Social Geography: An Introduction [M]. Edinburgh: Ashford Colour Press, 2000: 8-20.

[40] Richard G. Frank. Long-Term Care Financing in the United States: Sources and Institutions[J]. Applied Economic Perspectives and Policy, 2012（34）: 333–345.

[41] Rogers A. Migration, Urbanization, and Spatial Population Dynamics[M]. Westview Boulder, 1984.

[42] Wheeler Stephen. Sustainable Urban Development: A Literature Review and Analysis [M]. University of California at Berkeley Press, 1996.

[43] William C. Mann, Smart Technology for Aging, Disability, and Independence: The State of the Science[M]. A John Wiley & Sons, Inc. , 2005.

[44] World Population Aging 2009. United Nations Department of Economic and Social Affairs Population Division[Z], 2010

[45] 安增龙，董银果. 论中国农村养老模式选择 [J]. 西北农林科技大学学报，2002（4）.

[46] 白南生，李靖. 城市化与中国农村劳动力流动问题研究 [J]. 中国人口科学，2008（4）.

[47] 包玉香. 人口老龄化对区域经济发展的影响研究 [Z]，2010.

[48] 蔡昉. 劳动力迁移的两个过程及其制度障碍 [J]. 社会学研究，2001（6）.

[49] 蔡汉贤. 社会工作词典 [M]. 第四版. 台湾社区发展杂志社，2000.

[50] 柴彦威等，城市老龄化问题研究的时间地理学框架与展望 [J]. 地域研究与开发，2002.

[51] 柴彦威. 中国城市老年人的活动空间 [M]. 北京: 科学出版社，2010.

[52] 柴彦威. 时间地理学的起源、主要概念及其应用 [J]. 地理科学，1998（1）.

[53] 陈慧. 现代老年人居住空间行为需求研究 [D]. 天津: 天津大学硕士论文，2005.

[54] 陈军,赵仁亮,乔朝飞. 基于 Voronoi 图的 GIS 空间分析研究 [J]. 武汉大学学报（信息科学版），2003（5）.

[55] 陈军. 居家养老: 城市养老模式的选择 [J]. 社会阅览，2001（9）.

[56] 陈小卉，刘剑. 先发地区养老服务设施规划编制方法探讨——以昆山市养老服务设施规划为例 [J]. 城市规划，2013（12）.

[57] 陈小卉，邵玉宁. 发达地区养老服务设施规划的探索 [J]. 现代城市研究，2012（8）.

[58] 陈小卉，邵玉宁，杨红平. 发达地区养老服务设施规划研究——以昆山等地为例 [M]//2012 中国城市发展报告. 北京: 中国城市出版社，2013.

[59] 陈小卉，杨红平. 老龄化背景下的城市化策略应对研究 [M]//2011 中国城市发展报告. 北京: 中国城市出版社，2012.

[60] 陈小卉,杨红平. 老龄化背景下城乡规划应对研究——以江苏为例 [J]. 城市规划，2013（9）.

[61] 陈小卉,杨红平. 发达地区养老服务设施规划研究——以昆山为例 [A]. 2013 年规划年会（青岛）.

[62] 陈颐. 社会养老服务体系建设研究 [Z]. 2011 年江苏民政政策理论研究委托项目.

[63] 陈银娥,王亚柯. 内敛型养老模式——转型期我国农村养老保障的探索性思考 [J]. 江汉论坛，2002（11）.

[64] 城市道路和建筑物无障碍设计规范（JGJ 50-2001）[S].

[65] 戴维，长谷川直树，铃木博志. 北京养老服务机构建设布局及使用状况的初探 [J]. 城市规划，2011（9）.

[66] 邓清．城市社会学研究的理论和方法 [J]．城市发展研究，1997（5）：25-28.

[67] 邓曲恒，古斯塔夫森．中国的永久移民 [J]．经济研究，2007（4）．

[68] 丁时安．适宜老年人的公共绿地规划设计的探讨 [J/OL]．城市建设理论研究，2011.

[69] 董戈娅．重庆都市区社区老年公共服务设施规划建设的探讨 [J]．重庆建筑，2006（11）．

[70] 冯燕，林晨，高莺．老龄化社会与城市规划——从加强城市社区老年设施建设谈起 [J]．北京规划建设，1999（1）．

[71] 付帅光．基于人口老龄化的中国城镇养老模式探究 [D]．天津：天津大学，2011.

[72] 傅亚丽．国内城市机构养老服务研究综述 [J]．南京人口管理干部学院学报，2009（1）．

[73] 高云霞．中国养老创新十大地方亮点解析（2011～2012）[J]．社会福利，2012.

[74] 格扎维埃·范登·布朗德．欧洲老龄化问题对策述评——迈向积极的老年人口就业政策 [J]．经济社会体制比较，2007（1）：130-133.

[75] 谷劲松．发达国家社会保障体系对中国的启示——以德国为例 [J]．社会福利（理论版），2013.

[76] 郭竞成．居家养老模式的国际比较与借鉴 [J]．社会保障研究，2010（1）．

[77] 郭堃．老龄化社会的交通安全问题研究 [D]．西安：长安大学硕士论文，2006.

[78] 郭婷婷，郭媛媛．武汉西北湖广场公共空间调查启示——试论城市广场设计的老年人文关怀 [J]．艺术与设计，2007（1）：57-59.

[79] 国务院办公厅关于印发社会养老服务体系建设规划（2011-2015年）的通知（国办发 [2011]60号）[Z]，2011-12.

[80] 韩炳越．适宜老年人的公共绿地规划设计 [J]．中国园林，2000.

[81] 韩荣青．基于 GIS 的招远市农村居民点布局适宜性研究 [J]．聊城大学学报（自然科学版），2008（1）．

[82] 何鹏．试析我国养老模式在居住社区规划中的发展趋势 [D]．北京：清华大学硕士论文，2002.

[83] 何文炯，杨翠迎，刘晓婷．优化配置—加快发展——浙江省机构养老资源配置状况调查分析 [J]．当代社科视野，2008（1）．

[84] 胡仁禄，马光．老年居住环境设计 [M]．南京：东南大学出版社，1995.

[85] 黄润龙．江苏人口老龄化趋势及社会养老保险研究 [J]．河海大学学报，2009（6）．

[86] 黄润龙．苏南经济发展与外来人口增长 [J]．西北人口，2008（5）．

[87] 黄少宽．广州市社区老人服务需求及现状的调查与思考 [J]．南方人口，2005（1）．

[88] 黄潇婷，柴彦威，赵莹等．手机移动数据作为新数据源在旅游者研究中的应用探析 [J]．旅游学刊，2010（8）．

[89] 贾丽凤．农村互助养老发展问题研究——以保定市为例 [J]．科技视界，2013.

[90] 贾凌云．人口预测的灰色增量模型及其应用 [D]．南京：南京信息工程大学，2006.

[91] 江苏省统计局．江苏省 2010 年第六次全国人口普查主要数据公报 [EB/OL]，2011-04-30.
http://www.stats.gov.cn/tjgb/rkpcgb/dfrkpcgb/t20120228_402804330.htm.

[92]　江毅，王裴 . 居住区老龄公共服务设施体系构建 [J]. 西华大学学报，2006（9）.

[93]　姜向群，张钰斐 . 社会化养老：问题与挑战 [J]. 北京观察，2006（10）.

[94]　姜雨奇 . 成都市中心城社区老年服务设施调查报告 [J]. 经营管理者，2009（3）.

[95]　蒋岳祥，斯雯 . 老年人对社会照顾方式偏好的影响因素分析——以浙江省为例 [J]. 人口与经济，2006（3）.

[96]　蒋志梅 . 居家养老室内空间组合模式探析 [J]. 现代城市研究，2013（10）: 99-102.

[97]　金鹏 . 新型老年人居住建筑——老年公寓研究 [D]. 上海：同济大学建筑与城市规划学院，2003.

[98]　靳飞，薛岩 . 从我国人口老龄化社会中养老模式的选择谈居住区规划设计 [J]. 安徽建筑，2005（1）.

[99]　荆莹 . 老龄化社会的城市交通无障碍步行系统研究 [D]. 西安：长安大学硕士论文，2008.

[100]　鞠秋锦，邓卫华 . 浅析中国的居家养老 [J]. 热点透视，2004（12）.

[101]　决策资源房地产研究中心专项课题研究组 . 老年住宅的赢利模式分析 [Z]，2011.

[102]　康越 . 日本社区养老服务体系的做法与经验——以大阪府岸和田市为例 [J]. 中央社会主义学院学报，2011（5）.

[103]　李兵，张恺悌，王海涛，庞涛 . 关于基本养老服务体系建设的几点思考 [J]. 新视野，2011（1）.

[104]　李洪心，白雪梅 . 生命周期理论及在中国人口老龄化研究中的应用 [J]. 中国人口科学，2006（4）.

[105]　李洪心，李巍 . 人口老龄化与电子商务的关系模型研究 [J]. 中国人口，2010（3）.

[106]　李华 . "适老住宅"设计的标准评《老年住宅设计手册》[J]. 时代建筑，2012.

[107]　李华燊等 . 我国社会医疗保险与商业医疗保险双重构建研究 [J]. 河南社会科学，2011.

[108]　李健，贾耀才 . 城市老年设施建设与发展 [J]. 住宅科技，1999（6）.

[109]　李军 . 人口老龄化经济效应分析 [M]. 北京：社会科学文献出版社，2005.

[110]　李恺 . 层次分析法在生态环境综合评价中的应用 [J]. 环境科学与技术，2009（3）.

[111]　李可 . 基于通用设计的老龄化城市公共空间设计——以厦门城市公共空间设计为例 [D]. 厦门：厦门大学硕士论文，2007.

[112]　李莉 . 老年友好型公园绿地规划设计研究 [D]. 南京：南京林业大学，2011.

[113]　李敏，张成 . 江苏人口老龄化与养老金合理支出量化分析 [J]. 南京人口管理干部学院学报，2010（1）.

[114]　李沛霖 . 美国养老产业的发展及其对中国的启示 [J]. 广东经济，2008（6）: 50-52.

[115]　李士梅 . 中国养老模式的多元化发展 [J]. 人口学刊，2007（5）.

[116]　李小云，田银生 . 国内城市规划应对老龄化社会的相关研究综述 [J]. 城市规划，2011（9）.

[117]　李学斌 . 我国社区养老服务研究综述 [J]. 宁夏社会科学，2008（1）.

[118]　李懿等 . 基于中国传统文化的社区老年日间照料中心服务研究 [J]. 继续医学教育，2013.

[119]　李正龙，潘黎玫，陈曼曼 . 上海为老服务设施的问题与建议 [J]. 西北人口，2011（5）.

[120] 梁鸿，赵德余.人口老龄化与中国农村养老保障制度 [M].上海：上海世纪出版集团，2008.

[121] 梁娅娜.居住区户外环境老年人适应性研究 [D].大连：大连理工大学，2006.

[122] 辽宁省民政厅.辽宁：以托管服务为突破口，探索农村养老新途径 [J].社会福利，2012（3）.

[123] 林宝.养老模式转变的基本趋势及我国养老模式的选择 [J].广西社会科学，2010（5）.

[124] 林娜.社区化居家养老论略 [J].中共福建省委党校学报，2004（12）.

[125] 林贞雅.都市计划因应人口结构变化对策之研究 [D].台北：台北大学都市计划研究所硕士论文，2003.

[126] 刘爱玉.流动人口生育意愿的变迁及其影响 [J].江苏行政学院学报，2008（5）.

[127] 刘柏霞，秦留志，张红.论现代服务业与居家养老服务平台的融合 [J].开发研究，2010（1）.

[128] 刘昌平，邓大松，殷宝明."乡—城"人口迁移对中国城乡人口老龄化及养老保障的影响分析 [J].经济评论，2008（6）.

[129] 刘超.社区老年日间照料中心与幼儿园结合设计模式初探 [D].天津：天津大学，2012.

[130] 刘从龙.发展以自我保障为主的农村社会养老保险 [J].人口研究，1996（6）.

[131] 刘芳.上海市长宁区社区为老服务体系的构建 [J].中国老年学杂志，2010（6）.

[132] 刘剑.机构养老设施建设困境与规划应对——基于昆山市的实证研究 [J].规划师，2013（10）.

[133] 刘剑.养老设施分类、界定及定位研究——基于昆山市养老设施的实证调研 [A]//2012 年中国城市规划年会论文集.

[134] 刘凯.城市老人居住问题研究 [D].天津：天津大学硕士论文，2006.

[135] 刘美霞.浅谈"养老休闲社区的发展" [J].城市建设理论研究，2011.

[136] 刘爽.中国的城镇化与区域人口老龄化 [J].西北人口，1998（3）.

[137] 刘同昌.社会化：养老事业发展的必然趋势——青岛市老年人入住社会养老机构需求的调查 [J].人口与经济，2001（2）.

[138] 龙潇.中国城市养老资源需求与供给分析 [D].杭州：浙江大学，2012.

[139] 娄金霞.中国多层次养老服务体系的构建研究——以浙江省为例 [J].改革与战略，2013.

[140] 陆杰华，田峻闻.欧美国家养老保障的制度建设与中国借鉴 [J].上海城市管理，2011（3）：25-28.

[141] 吕佳琪.美国太阳城：新型养老社区典范 [J].中国社会工作，2012.

[142] 吕永久.浅析美国养老制度及对我国的启示 [J].中国老年保健医学，2011（3）.

[143] 马晓强.城市人口老龄化对居住区建设的影响分析 [D].上海：同济大学建筑与城市规划学院，2008.

[144] 毛海虓，黄瑾.美国面向老龄社会的城市交通对策以及对中国的启示 [J].国外城市规划，2006（4）.

[145] 民政部副部长窦玉沛在全国社会养老服务体系建设工作会议上的总结讲话 [EB/OL].http://fss.mca.gov.cn/article/lnrfl/ldjh/201302/20130200418231.shtml.

[146] 穆光宗."3+2"养老工程：中国特色的综合养老之路 [Z]// 刘宝成主编.迎接人口老龄

化挑战的战略构想（北京市"老人、家庭与社区照料"学术研讨会论文集）. 北京市老龄协会，1998.

[147] 穆光宗. 中国传统养老方式的变革和展望 [J]. 中国人民大学学报，2000（5）.

[148] 穆义财. 浅谈政府出让土地地价确定的程序、原则与方法 [J]. 西部资源，2012.

[149] 农村老年社会保障研究课题组. 江苏金坛、溧水农村老年社会保障的调查与思考 [J]. 南京人口管理干部学院学报，1998（3）.

[150] 庞志杰等. 老年人住宅室外环境的无障碍设计 [J]. 城市建设理论研究，2013.

[151] 彭嘉琳. 从德国、西班牙人口老龄化现状谈我国应采取的对策 [J]. 中国护理管理，2007（4）：5-8.

[152] 彭亮. 东部沿海地区老年人口状况及特征的比较——以北京、上海、江苏、浙江、广东为例 [J]. 华东理工大学学报（社会科学版），2010（3）.

[153] 钱凯. 我国人口老龄化问题研究的观点综述 [J]. 经济研究参考，2010（12）.

[154] 强虹. 适宜老年人的城市公共空间环境设计研究——以西安环城公园为例 [D]. 西安：西安建筑科技大学，2004.

[155] 秦婧雅. 人口老龄化与构建和谐社会——以江苏为例 [J]. 理论月刊，2006（6）.

[156] 全国老龄办. 中国人口老龄化发展趋势预测研究报告 [R]，2006.

[157] 全国民政工作会议召开：粤养老服务推两种模式 [N/OL]. 法制网—法制日报，2008-12. http：//news. qq. com/a/20081226/001190. htm.

[158] 中华人民共和国国家统计局，全国人口普查公报：我国人口平均预期寿命达到74. 83 岁 [EB/OL]. 2011-09-21. http：//www. stats. gov. cn/tjgb/rkpcgb/qgrkpcgb/t20120921_402838652. htm.

[159] 任炽越. 城市居家养老服务发展的基本思路 [J]. 社会福利，2005（1）.

[160] 尚文仪. 国外老年住宅模式划分 [J]. 广西城镇建设，2006（11）：110.

[161] 舒敏. 关注：新世纪的社区与养老 [J]. 首都经济杂志，2001（5）.

[162] 松岩. 浙江省第一份关于养老意愿的调查报告 [J]. 社会福利，2005（4）.

[163] 宋宝安. 老年人口养老意愿的社会学分析 [J]. 吉林大学社会科学学报，2006（7）.

[164] 宋言奇. 城市老龄社区构建问题三议 [J]. 城市规划汇刊，2004（5）.

[165] 苏国等. 澳大利亚养老服务体系考察报告 [J]. 中国初级卫生保健，2002.

[166] 孙洁等. 城市广场之老人活动空间人性化设计研究 [J]. 工程建设与设计，2008.

[167] 孙伟，杨小萍. 我国养老服务设施的分类特征及发展趋势探讨 [J]，山西建筑，2011（2）.

[168] 孙樱，陈田，韩英. 北京市区老年人口休闲行为的时空特征初探 [J]. 地理研究，2001（5）.

[169] 唐晓英，东波. 社区文化养老方式的实施路径探析 [J]. 西北农林科技大学学报（社会科学版），2011（5）.

[170] 唐咏. 中国老年领域研究十年文献综述 [J]. 新疆社会科学，2012（12）.

[171] 陶立群，王莉莉，麻凤利. 我国老年公寓发展状况分析 [Z]. 民政部政策研究中心，2001.

[172] 田雪原，王金营，周广庆，老龄化——从"人口盈利"到"人口亏损" [M]. 北京：中国经

济出版社，2006.

[173] 王岱，刘旭，蔺雪芹. 发达国家应对人口老龄化的对策及对我国的启示 [J]. 世界地理研究，2013（3）.

[174] 王定君，刘基. 后人口红利时期的中国经济增长与政策调整 [J]. 西北人口，2013（3）.

[175] 王法辉. 基于 GIS 的数量方法与应用 [M]. 江世国，藤俊华译. 北京：商务印书馆，2009.

[176] 王桂新等. 迁移与发展：中国改革开放以来的实证 [M]. 北京：科学出版社，2005.

[177] 王江萍. 老年人居住外环境规划与设计 [M]. 北京：中国电力出版社，2009.

[178] 王婕. 公共设施设置应满足老龄化社会的需求 [J]. 城市，2008（7）.

[179] 王金营. 中国 1990-2000 年乡—城人口转移年龄模式及其变迁 [J]. 人口研究，2004（5）.

[180] 王劲峰，廖一兰，刘鑫. 空间数据分析教程 [M]. 北京：科学出版社，2010.

[181] 王岚，易中，姜忆南. 社区养老服务设施规划的探讨 [J]. 北方交通大学学报，2001（4）.

[182] 王森. 借鉴国外养老模式，探讨我国健康老龄化的实现方法 [J]. 生产力研究，2007（17）：85-87.

[183] 王伟. 日本家庭养老模式的转变 [J]. 日本学刊，2004（3）.

[184] 王玮. 江苏人口老龄化分析 [J]. 南京财经大学学报，2004（5）.

[185] 王玮华. 城市住区老年设施研究 [J]. 城市规划，2002（3）.

[186] 王裔艳. 国外老年社会学理论研究综述 [J]. 南京人口管理干部学院学报，2004（4）：37-42.

[187] 王颖. 老龄化——城市规划的一个社会学课题 [J]. 城市规划汇刊，1998（5）.

[188] 王远飞，何洪林. 空间数据分析方法 [M]. 北京：科学出版社，2007.

[189] 王泽强. 乡—城人口迁移与农村老龄化研究综述 [J]. 中共宁波市委党校学报，2012（1）.

[190] 韦生源，盘璇，邱宗国. 以更新的理念与手段应对新的养老问题——广西从家庭养老向社会化养老过渡 [J]. 广西经济管理干部学院学报，2009（2）.

[191] 韦胜. 养老服务设施规划中老年人口数据分析方法研究 [Z]. 2013 年首届城乡规划学术研讨会（北京），2013.

[192] 韦胜. 养老服务设施规划中的若干关键问题探讨 [A]. 2013 年规划年会（青岛），2013.

[193] 韦亚平. 人口转变与健康城市化——中国城市空间发展模式的重大选择 [J]. 城市规划，2006（5）.

[194] 魏高峰，龙克柔. 中国人口演化模型与中国未来人口预测研究 [J]. 科技咨询导报，2007（12）.

[195] 邬沧萍，杜鹏，姚远等. 社会老年学 [M]. 北京：中国人民大学出版社，1999.

[196] 吴春娟. 无锡市南长区居家养老推进机制研究 [D]. 上海：同济大学经济与管理学院，2008.

[197] 吴帆. 新一代乡—城流动人口生育意愿探析 [J]. 南方人口，2009（1）.

[198] 吴洪彪. 美国和加拿大养老服务业考察报告 [J]，中国民政，2010（7）：23-25.

[199] 夏建中. 新城市社会学的主要理论 [J]. 社会学研究，1998（4）：47-53.

[200] 项智宇. 城市居住区老年公共服务设施研究 [D]. 重庆：重庆大学，2004.

[201] 谢钧，谭琳. 城市社会养老机构如何适应日益增长的养老需求——天津市社会养老机构及入住老人的调查分析 [J]. 市场与人口分析，2000（9）.

[202] 谢幼纬. 社区共设民营老人安居住宅之研究 [D]. 台北: 政治大学硕士论文, 2009.

[203] 熊菲. 老年住宅的便利性设计研究——以北京太阳城老年公寓为例及展开 [D]. 武汉: 华中科技大学, 2012.

[204] 徐晓明. 苏州市老年人健康状况及养老模式研究 [D]. 苏州: 苏州大学, 2010.

[205] 徐祖荣. 人口老龄化与城市社区照顾模式探析 [J]. 长江论坛, 2007（4）.

[206] 闫俊. 论社会养老服务体系建设与养老文化传承 [J]. 社会保障研究, 2012.

[207] 闫庆武, 卞正富. 基于 GIS-SDA 的居民点空间分布研究 [J]. 地理与地理信息科学, 2008（3）.

[208] 严晓萍. 美国社区养老服务设施建设及启示 [J]. 社会保障研究, 2009（4）: 19-25.

[209] 杨蓓蕾. 英国的社区照顾——种新型的养老模式 [J]. 探索与争鸣, 2000（12）: 42-44.

[210] 杨红平. 基于老年友好型理念的城乡规划编制研究——兼议养老设施布局 [A]//2012 中国城市规划年会论文集, 2012.

[211] 杨奇, 姜忠孝. 有益的探索——吉林省农村居家养老服务大院建设纪实 [N]. 吉林日报, 2012-01.

[212] 杨云彦. 中国人口迁移的规模测算与强度分析 [J]. 中国社会科学, 2003（6）.

[213] 杨中新. 中国人口老龄化与区域产业结构调整研究 [M]. 北京: 社会科学文献出版社, 2005.

[214] 杨宗传. 居家养老与中国养老模式 [J]. 经济评论, 2000（3）.

[215] 姚从容, 余沪荣. 论人口乡城迁移对中国农村养老保障体系的影响 [J]. 市场与人口分析, 2005（2）.

[216] 叶军. 农村养老社区照顾模式探析 [J]. 中国农业大学学报, 2005（1）.

[217] 叶妍. 对我国老年人社区服务供给的思考 [J]. 市场与人口分析, 2004（5）.

[218] 尹亚坤. 适宜老年人的公园绿地规划设计研究——以石家庄市公园绿地为例 [D]. 保定: 河北农业大学, 2008.

[219] 于潇. 公共机构养老发展分析 [J]. 人口学刊, 2001（6）.

[220] 余伟, 钱科烽等. 杭州市慢行交通系统规划与设计指导 [J]. 城市交通, 2009（3）.

[221] 原新. 独生子女家庭的养老支持——从人口学视角的分析 [J]. 人口研究, 2004（3）.

[222] 袁缉辉. 养老的理论和实践 [J]. 老龄问题研究, 1996（7）.

[223] 袁静. 江苏人口老龄化的现状及对策探析 [J]. 人口与计划生育, 2008（1）

[224] 云美萍, 杨晓光, 李盛. 慢行交通系统规划简述 [J]. 城市交通, 2007（2）.

[225] 曾毅. 人口城镇化对我国人口发展的影响 [J]. 人口学刊, 1991（2）.

[226] 张耕墨. 老年人社区医疗服务的实证调查分析 [J]. 人口与经济, 2008（4）.

[227] 张国平. 居家养老社会化服务的新模式——以苏州沧浪区"虚拟养老院"为例 [J]. 宁夏社会科学, 2011（3）.

[228] 张辉. 面向人口老龄化的现代住区建设 [D]. 重庆: 重庆大学, 2004.

[229] 张恺梯, 郭平. 中国人口老龄化与老年人状况蓝皮书 [M]. 北京: 中国社会出版社, 2010.

[230] 张恺悌，王海涛，庞涛．关于基本养老服务体系建设的几点思考 [J]. 新视野，2011（1）.

[231] 张丽．国外倒按揭养老模式给我国的启示 [J]. 产业与科技论坛，2006（9）.

[232] 张良礼．应对人口老龄化：社会化养老服务体系构建及规划 [M]. 北京：社会科学文献出版社，2006.

[233] 张龙，周海燕．GIS 中基于 Voronoi 图的公共设施选址研究 [J]. 计算机工程与应用，2004（9）.

[234] 张敏杰．新中国 60 年：人口老龄化与养老制度研究 [M]. 杭州：浙江工商大学出版社，2009.

[235] 张萍等．"在宅养老"住宅体系建设研究 [J]. 现代城市研究，2013.

[236] 张萍等．中、美、日三国住宅适老性设计比较 [J]. 建筑学报，2013.

[237] 张苏，乌仁格日乐．人口老龄化对经济发展影响研究进展 [J]. 经济理论与经济管理，2013（3）.

[238] 张雅惠．台湾高龄者居住形态选择之研究——兼论台湾老人住宅政策 [D]. 台北：政治大学地政学系 - 私立中国地政研究所硕士论文，2006.

[239] 张裕来．苏州市养老服务模式运行现状、存在问题及对策研究 [D]. 苏州：苏州大学，2013.

[240] 章铮等．论农民工就业与城市化——基于年龄结构—生命周期分析 [J]. 中国人口科学，2008（6）.

[241] 赵立新．论社区建设与居家式社区养老 [J]. 人口学刊，2004（3）.

[242] 赵丽宏．完善社区养老服务支持居家养老 [J]. 黑龙江社会科学，2005（3）.

[243] 赵志强等．农村互助养老模式推行的挑战与对策 [J]. 农村经济与科技，2013.

[244] 郑岩．国外养老产业的一些做法值得借鉴 [J]. 政策瞭望，2011（7）.

[245] 中国老龄科学研究中心编．中国城乡老年人口状况的一次性抽样调查 [M]. 北京：中国标准出版社，2003.

[246] 中华人民共和国国家统计局．中华人民共和国 2012 年国民经济和社会发展统计公报 [R]. 2013.

[247] 中华人民共和国国家统计局．中国统计年鉴 2007[M]. 北京：中国统计出版社，2007.

[248] 钟若愚．人口老龄化影响产业结构调整的传导机制研究：综述及借鉴 [J]. 中国人口科学，2005（增刊）.

[249] 周沛，管向梅．普惠型福利视角下城市高龄者养老社会化服务体系研究 [J]. 东北大学学报，2011.

[250] 周莹，梁鸿．中国农村传统家庭养老保障模式不可持续性研究 [J]. 经济体制改革，2006（5）.

[251] 周永新，赵环．中西合璧的老人支持体系——香港所追求的全面照顾模式 [J]. 人口与发展，2010（3）.

[252] 朱珠．上海城市老龄化居住模式研究 [D]. 上海：同济大学硕士论文，2008.

[253] 庄秀美．日本社会福利服务的民营化——"公共介护保险制度"现状之探讨 [J]. 台湾大学社工学刊，2005（7）：89-128.

[254] 邹惠萍．老龄化社会城市环境特殊支持体系规划编制研究 [D]. 上海：同济大学建筑与城市规划学院博士学位论文，2008.